普通高等教育系列教材

SolidWorks 2022 基础与实例教程

段　辉　马海龙　汤爱君　等编著

机械工业出版社

本书基于 SolidWorks 2022 中文版编写，全书共 10 章，主要内容包括 SolidWorks 2022 软件概述、二维草图绘制、基础特征建模、辅助特征建模、实体特征编辑、曲线曲面造型及编辑、装配设计、钣金设计、工程图及其他应用。

本书内容翔实、细致，案例新颖、典型，密切结合工程实际，具有很强的操作性和实用性。本书可作为高校学生学习三维造型的教材，也适合 SolidWorks 初、中级学习人员和机械工程设计人员学习。

本书配有电子教案、素材文件和案例视频，需要的教师可登录 www.cmp-edu.com 免费注册，审核通过后下载，或联系编辑索取（微信：13146070618，电话：010-88379739）。

图书在版编目（CIP）数据

SolidWorks 2022 基础与实例教程 / 段辉等编著 . —北京：机械工业出版社，2023.1（2024.2 重印）

普通高等教育系列教材

ISBN 978-7-111-72454-4

Ⅰ. ①S… Ⅱ. ①段… Ⅲ. ①机械设计-计算机辅助设计-应用软件-高等学校-教材 Ⅳ. ①TH122

中国版本图书馆 CIP 数据核字（2022）第 255932 号

机械工业出版社（北京市百万庄大街 22 号　邮政编码 100037）

策划编辑：胡　静　　　　　责任编辑：胡　静　解　芳
责任校对：张昕妍　陈　越　　责任印制：单爱军

保定市中画美凯印刷有限公司印刷

2024 年 2 月第 1 版 · 第 4 次印刷

184mm×260mm · 16.75 印张 · 422 千字

标准书号：ISBN 978-7-111-72454-4

定价：69.90 元

电话服务　　　　　　　　　网络服务

客服电话：010-88361066　　机 工 官 网：www.cmpbook.com
　　　　　010-88379833　　机 工 官 博：weibo.com/cmp1952
　　　　　010-68326294　　金 书 网：www.golden-book.com
封底无防伪标均为盗版　机工教育服务网：www.cmpedu.com

前　　言

党的二十大报告提出，要加快建设制造强国。实现制造强国，智能制造是必经之路。计算机辅助设计技术是智能制造的重要支撑技术之一，其推广和使用缩短了产品的设计周期，提高了企业的生产率，从而使生产成本得到了降低，增强了企业的市场竞争力，所以掌握计算机辅助设计对高等院校的学生来说是十分必要的。

SolidWorks 是基于 Windows 平台的优秀三维设计软件，是 SolidWorks 公司的产品，该公司于 1997 年被法国达索公司（Dassault Systemes）收购成为旗下的子公司。SolidWorks 自 1995 年推出第一个版本以来，以其强大的绘图功能和易用性赢得了众多用户的青睐，加速了整个三维CAD 行业的发展步伐。

SolidWorks 具有功能强大、易学易用和技术创新三大特点，这使得 SolidWorks 成为领先的、主流的三维 CAD 解决方案。SolidWorks 能够提供不同的设计方案、减少设计过程中的错误以提高产品质量。在强大的设计功能和易学易用的操作（包括 Windows 风格的拖放、单击、剪切/粘贴）协同下，使用 SolidWorks 可以设计百分百可编辑的产品，而且零件设计、装配设计和工程图之间是全相关的。

SolidWorks 的基本设计思想是：用数值参数和几何约束来控制三维几何体建模过程，生成三维零件和装配体模型；再根据工程实际的需要做出不同的二维视图和各种标注，完成零件工程图和装配工程图。从几何体模型直至工程图的全部设计环节，实现全方位的实时编辑修改。

SolidWorks 2022 提高了装配体性能和工作流程效率，增加详图模式的用途，增强几何尺寸和公差、混合建模、零件建模功能，支持材料明细表中的切割清单，改进配置表、结构系统、焊件、导入和显示的性能、协作和数据共享等，其中大多数是直接针对客户要求而做出的增强和改进。SolidWorks 2022 可以更好地帮助企业提高创新能力和设计团队的工作效率。SolidWorks 2022 可分为四大模块，分别是零件、装配、工程图和分析模块，其中，"零件"模块中又包括草图设计、零件设计、曲面设计、钣金设计以及模具等小模块。

本书共 10 章，可划分为 3 部分。第 1~3 章为第一部分，讲述基本草图及基本建模技术，适合初学者。从 SolidWorks 的基本使用方法入手，结合若干典型实例，详细探讨二维草图的绘制方法和技巧，以及基本三维模型的常用建模流程及方法。第 4~6 章为第二部分，通过大量实例，多角度由浅入深、由易到难地介绍各种辅助特征的建模方法、实体特征的编辑修改，以及曲线曲面的造型及编辑方法。第 7~10 章为第三部分，讲述三维装配、钣金设计、工程图的生成与编辑以及其他应用模块的基本知识。

本书获山东建筑大学教材建设基金资助，由山东建筑大学的段辉、马海龙、汤爱君编写，参与编写的还有青岛大学的管殿柱、李文秋、管玥。由于编者水平有限，书中难免存在错误和不足之处，衷心希望读者批评指正。

编　者

目　　录

第 1 章　SolidWorks 2022 软件

SolidWorks 软件作为优秀的三维机械设计软件之一，是一款相当实用且高效的机械类 CAD/CAM/CAE 分析辅助工具，具备十分直观的三维开发环境，可以帮助用户轻松设计制造各种复杂产品。由于其基于微软的 Windows 系统开发，对于熟悉 Windows 系统的用户，可以很方便地使用 SolidWorks 进行设计。

SolidWorks 2022 是该系列软件的新版本，在性能和功能方面都有较大的增强，同时还保证了与低版本的完全兼容。

本章重点：
- SolidWorks 的特点
- SolidWorks 2022 的安装方法
- SolidWorks 2022 图形文件的基本操作

1.1　SolidWorks 2022 概述

本节简单介绍 SolidWorks 的发展历程、新版本 2022 的主要特点和功能以及基本的安装方法。

1.1.1　SolidWorks 2022 简介

SolidWorks 软件是基于 Windows 开发的三维 CAD 系统，由于技术创新符合 CAD 技术的发展潮流和趋势，该系统在 1995—1999 年获得全球微机平台 CAD 系统评比第一名，至此，SolidWorks 所遵循的易用、稳定和创新三大原则得到了全面的落实和证明。使用 SolidWorks，设计人员大大缩短了设计时间，可使产品快速、高效地投向市场。

由于 SolidWorks 出色的技术和市场表现，1997 年法国达索公司高价将其全资并购。并购后的 SolidWorks 以原来的品牌和管理技术队伍继续独立运作，成为 CAD 行业一家高素质的专业化公司，SolidWorks 三维机械设计软件也成为达索旗下企业中最具竞争力的 CAD 产品。

SolidWorks 软件是一个基于特征、参数化、实体建模的设计工具。由于使用了 Windows OLE 技术、直观式设计技术、先进的 parasolid 内核（由剑桥提供）以及良好的与第三方软件的集成技术，SolidWorks 成为全球装机量较多的软件。利用 SolidWorks 可以创建全相关的三维实体模型。SolidWorks 具有开放的系统，添加各种插件后，可实现产品的三维建模、装配校验、运动仿真、有限元分析、加工仿真、数控加工及加工工艺的制定，以保证产品在设计、工程分析、工艺分析、加工模拟、产品制造等过程中数据的一致性，从而真正实现产品的数字化设计和制造，并大幅度提高产品的设计效率和质量。

2021 年 10 月 14 日，SolidWorks 发布了 SolidWorks 2022 版本，该版本新增数百项强化功能，不仅能加速创新，还能简化并缩短从概念到产品制造的开发流程。SolidWorks 2022 提供了一系列高度灵活的定制化解决方案，能够强化日常用于设计、文档、数据管理和验证等方面的功能和工作流程。应 SolidWorks 用户群体的强烈要求，SolidWorks 2022 中增加了多项工作流程，改进了功能，提高了性能，帮助创新者以更智能、更快速的方式开展工作，用更少的步骤在更短的时间内开发出优异的产品。此外，SolidWorks 2022 还充分利用达索系统 3DEXPERIENCE 平台的协作功能，通过与 3DEXPERIENCE Works 解决方案组合的连接提升了自身的竞争优势。

SolidWorks 2022 新增功能如下。

- 在装配体与零部件设计、图纸细节标注、仿真和产品数据管理方面提供新的工作流程和功能增强。
- 在零部件方面提供混合建模和标准化外部线程创建等新特性。
- 用户界面增加了快捷方式栏、配置管理、几何公差等。
- 在处理大型装配体，导入 STEP、IFC 和 DXF/DWG 文件，图纸细节标注和管理产品数据等方面，质量和性能得到了提高。
- 自动装配性能优化，无须人工干预模式和设置。
- 提高显示响应速度和质量，提供当下最优异的图形处理性能。
- 访问 3DEXPERIENCE 平台的协作数字环境，推动创新，并提高决策质量。
- 访问基于云的 3DEXPERIENCE Works 扩展应用组合，包括用于设计、工程、仿真、制造和治理的扩展应用程序。

SolidWorks 2022 功能强大，从主流的应用角度，主要分为四大模块，分别是零件、装配、工程图和分析模块，其中"零件"模块中又包括草图设计、零件设计、曲面设计、钣金设计以及模具等小模块。通过认识 SolidWorks 中的模块，用户可以快速了解它的主要功能，本书也将从模块的角度介绍 SolidWorks 2022 的主要使用方法。

1.1.2　SolidWorks 2022 的安装

SolidWorks 2022 软件可以在工作站或个人计算机上运行，安装操作的步骤如下。

1．安装准备

SolidWorks 2022 的原始安装文件一般是 ISO 镜像文件，为 64 位，文件大小为 12GB 以上，建议优先使用虚拟光驱安装，也可以将镜像文件先解压缩再安装。由于整个软件比较大，所以在保存时应注意计算机空间是否够用。

2．软件安装

1）打开导入虚拟光驱的镜像文件或者将软件包解压缩后，单击 setup.exe 安装程序，弹出 "SOLIDWORKS 2022 SP0 安装管理程序"界面，如图 1-1 所示。

2）图 1-1 所示的界面有 3 个选项：在此计算机上安装、创建管理映像以部署到多台计算机和安装服务器组件。在本次安装中选择默认选项，即在此计算机上安装，并单击"下一步"按钮。

3）弹出图 1-2 所示的"序列号"界面，输入序列号，然后单击"下一步"按钮。如果序列号有误，弹出"系统检查警告"界面，如图 1-3 所示，此时可单击"上一步"按钮重新输入，否则继续单击"下一步"按钮。

4）弹出"摘要"界面，如图 1-4 所示，包括产品、下载选项、安装位置和 Toolbox/异型孔向导选项。选择"安装位置"选项中的"更改"选项，在计算机上选择一个软件安装位置后，单击界面右下角的"现在安装"按钮，即可开始安装软件。安装的时间较长，请耐心等待，一直到安装完毕后弹出图 1-5 所示的对话框，单击"完成"按钮，整个软件就安装完成了。

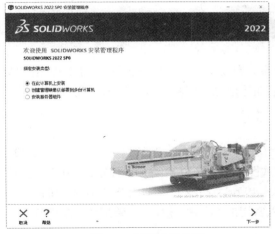

图 1-1　开始安装界面

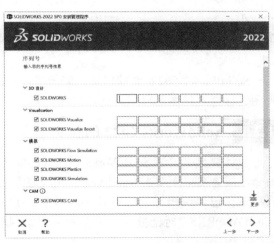

图 1-2　"序列号"界面

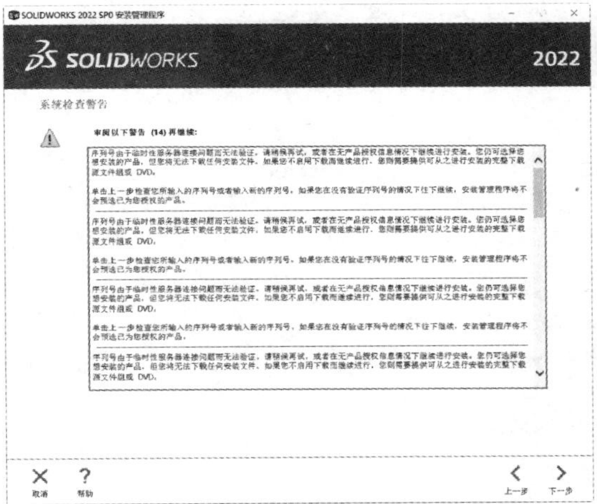

图 1-3　"系统检查警告"界面

图 1-4　"摘要"界面

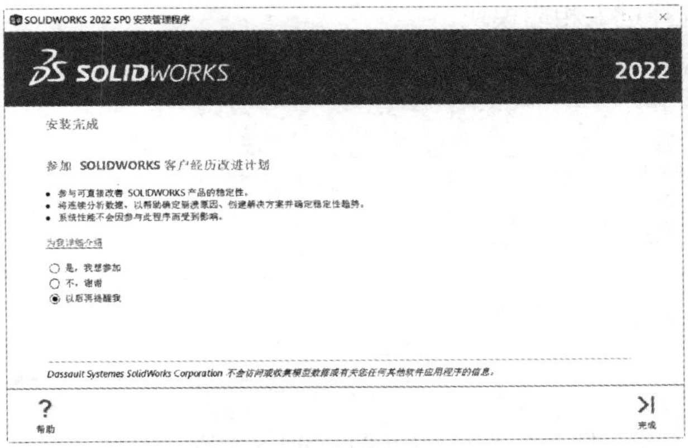

图 1-5　"安装完成"界面

1.2 SolidWorks 2022 的操作界面

SolidWorks 2022 继续以新功能改进用户的体验，例如，快捷方式栏中新的命令搜索、剖面视图、参考几何图形显示、选择集和重新设计的通知等增强功能将带来更简洁、高效的界面。

1.2.1 SolidWorks 2022 的启动

在计算机中安装 SolidWorks 后，可选择"开始"→"SolidWorks 2022"→"SolidWorks 2022"命令，或者在桌面双击 SolidWorks 2022 的快捷方式图标，就可以启动 SolidWorks 2022，也可以直接双击已经编辑好的 SolidWorks 文件。启动 SolidWorks 2022 后，打开图 1-6 所示的"欢迎-SOLIDWORKS"对话框，该对话框中可以选择进入常用的"零件"模块、"装配体"模块或者"工程图"模块。

图 1-6 "欢迎-SOLIDWORKS"对话框

单击图 1-6 所示对话框中的"高级"按钮，打开图 1-7 所示的"新建 SOLIDWORKS 文件"对话框，通过具体的选择进入相应模块。

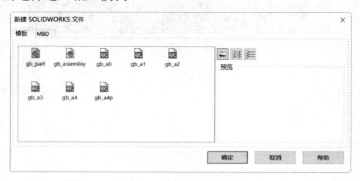

图 1-7 "新建 SOLIDWORKS 文件"对话框

选择"gb_part"模块，进入 SolidWorks 2022 的零件工作界面，如图 1-8 所示，零件工作界面主要由菜单栏、工具面板、设计树、状态栏和任务窗格等组成。

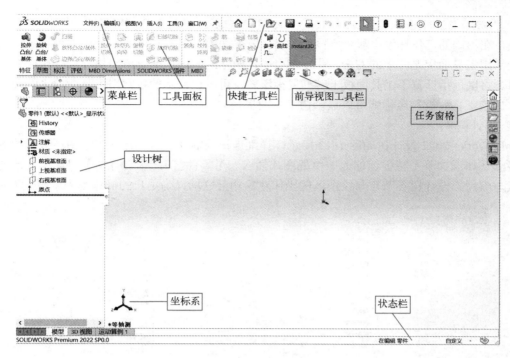

图 1-8　零件工作界面

1.2.2　SolidWorks 2022 界面

SolidWorks 2022 包括多个模块，各模块的界面大体相似，本节以常用的零件模块为例来介绍 SolidWorks 2022 的界面组成。

1. 菜单栏

SolidWorks 2022 菜单栏如图 1-9 所示，包含 SolidWorks 所有的操作命令，包括文件、编辑、视图、插入、工具和窗口 6 个菜单。当将鼠标移动到 SolidWorks 徽标 $\mathcal{DS}$ SOLIDWORKS 右侧的箭头或单击它时，菜单才可见。也可以单击菜单栏最右侧的 ★ 按钮来固定菜单，使其始终可见。用户可以通过菜单来访问 SolidWorks 的所有命令。

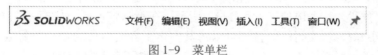

图 1-9　菜单栏

2. 快捷工具栏

快捷工具栏（见图 1-10）中的工具按钮用来对文件执行最基本的操作，如新建、打开、保存和打印等。单击 ❸（重建模型工具）按钮可以根据所进行的更改重建模型。

图 1-10　快捷工具栏

3. 工具面板

SolidWorks 2022 延续了之前版本的工具面板，默认状态下，主要包括"特征""草图""标注"

"评估""MBD Dimensions"(标注专家)、"SOLIDWORKS 插件"和"MBD"(基于模型的定义）子面板，在不同的工作环境中显示不同的种类。若界面没有显示想要的子面板，可将鼠标指针置于某一常用工具面板名称上并右击，弹出图 1-11 所示的右键快捷菜单，然后选择相应的工具面板即可。将鼠标指针置于工具面板上转动鼠标滚轮，可以在显示的各常用工具面板之间切换或者直接单击该工具面板的名称就可以显示该工具面板。

4．设计树

SolidWorks 2022 设计树如图 1-12 所示，详细地记录零件、装配体和工程图环境下的每一个操作步骤（如添加一个特征、加入一个视图或插入一个零件等），非常有利于用户在设计过程中的修改与编辑。设计树各节点与绘图区的操作对象相互联动，为用户的操作带来了极大方便。

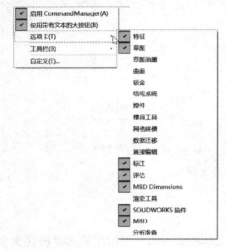
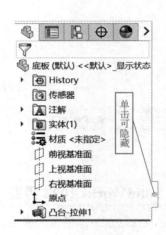

图 1-11　右键快捷菜单　　　　　　　　　　图 1-12　设计树

5．绘图区

绘图区是进行零件设计，制作工程图和装配的主要操作窗口。以后提到的草图绘制、零件装配、工程图的绘制等操作，均是在这个区域中完成的。

6．任务窗格

任务窗格包括"SOLIDWORKS 资源""设计库""文件探索器""视图调色板""外观、布景和贴图""自定义属性" 6 个选项，如图 1-13 所示。在默认情况下，它显示在界面右侧，不但可以移动、调整大小和打开/关闭，而且还可以将其固定于界面右边的默认位置或者移开。

图 1-13　任务窗格

7．状态栏

状态栏的作用是显示当前命令的功能介绍及正在操作对象所处的状态，如当前鼠标指针处的坐标值、正在编辑草图还是正在编辑零件图等，初学者应经常关注其中的提示信息。

8．前导视图工具栏

用 SolidWorks 2022 建模时，用户可以利用前导视图工具栏中的各项命令进行窗口显示方式等的控制和操作，如图 1-14 所示。

图 1-14   前导视图工具栏

1.3   SolidWorks 2022 的操作方式

本节主要介绍在 SolidWorks 2022 中，鼠标和键盘常用快捷键的使用方法。

由于 SolidWorks 软件是基于 Windows 开发的三维 CAD 系统，因此在 SolidWorks 中，鼠标的操作以及部分快捷键都与 Windows 比较类似。

1.3.1   鼠标的操作方式

1．左键

单击：选择实体或取消选择实体。

〈Ctrl〉键+单击：选择多个实体或取消选择实体。

双击：激活实体常用属性，以便修改。

拖动：利用窗口选择实体，绘制草图元素，移动、改变草图元素属性等。

〈Ctrl〉键+拖动：复制所选实体。

〈Shift〉键+拖动：移动所选实体。

2．中键（滚轮）

〈Ctrl〉键+拖动：平移画面（启动平移后，即可放开〈Ctrl〉键）。

〈Shift〉键+拖动：缩放画面（启动缩放后，即可放开〈Shift〉键）。

将鼠标指针置于模型欲放大或缩小的区域，前后转动滚轮，即可实现模型的放大或缩小；将鼠标指针置于模型上，按下滚轮不松开，前后、左右移动鼠标，可实现模型的翻转；双击滚轮，可实现模型的全屏显示，从而避免了频繁地选择前导视图工具栏中相应的命令。

3．右键

单击：弹出快捷菜单，选择快捷操作方式。图 1-15 所示是零件模块下的右键快捷菜单。

拖动：按下右键分别上下左右拖动，可以显示鼠标笔势。图 1-16 所示为不同状态下的鼠标笔势。

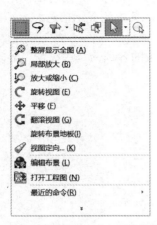

图 1-15　零件模块下的右键快捷菜单

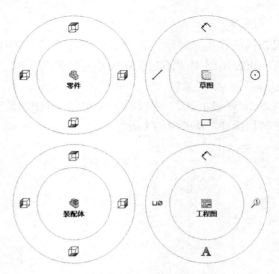

图 1-16　鼠标笔势

4．鼠标指针

鼠标指针的形状可以表明使用者正在选取什么或系统建议选取什么。当鼠标指针经过模型时，鼠标指针形状就会示意用户的选择。

5．鼠标笔势

可以使用鼠标笔势作为执行命令的一个快捷键，如果需要设置鼠标笔势，单击快捷工具栏中 ⚙️· 右侧箭头，在弹出的下拉菜单中选择"自定义"选项，如图 1-17 和图 1-18 所示。按住鼠标右键在绘图区拖动时就会弹出鼠标笔势，而且在选择命令按钮的过程中要一直按住鼠标右键。

图 1-17　"自定义"菜单

图 1-18　鼠标笔势的设置

1.3.2 常用的快捷键

SolidWorks 是专门针对 Windows 环境开发的应用程序，其用户界面同其他 Windows 应用软件非常相似，如文件操作、复制、粘贴、删除、退回等都采用了 Windows 系统的操作习惯。表 1-1 是 SolidWorks 2022 中常用的快捷键。

表 1-1　常用的快捷键

功能	快捷键	功能	快捷键
新建(N)	Ctrl+N	上视	Ctrl+5
打开(O)	Ctrl+O	下视	Ctrl+6
浏览最近文档(R)	R	等轴测	Ctrl+7
关闭(C)	Ctrl+W	正视于	Ctrl+8
保存(S)	Ctrl+S	指令选项切换	A
打印(P)	Ctrl+P	扩展/折叠树	C
撤销(U)	Ctrl+Z	折叠所有项目	Shift+C
重做	Ctrl+Y	过滤边线	E
重复上一命令(E)	Enter	查找/替换	Ctrl+F
选择所有	Ctrl+A	下一边线	N
剪切(T)	Ctrl+X	强制重建	Ctrl+Q
复制(C)	Ctrl+C	强制重建所有配置	Ctrl+Shift+Q
粘贴(P)	Ctrl+V	主要和参考基准面、坐标和原点	Q
删除(D)	Delete	快捷栏	S
重建模型(R)	Ctrl+B	显示平坦树视图	Ctrl+T
重建所有配置	Ctrl+Shift+B	过滤顶点	V
复制外观(C)	Ctrl+Shift+C	滚动到 FeatureManager 树底端	End
粘贴外观(P)	Ctrl+Shift+V	切换注释大写字母	Shift+F3
屏幕重绘(R)	Ctrl+R	切换选择过滤器工具栏	F5
视图定向(O)	SpaceBar	切换选择过滤器	F6
整屏显示全图(F)	F	拼写检验程序	F7
上一视图(R)	Ctrl+Shift+Z	隐藏/显示任务窗格	F8
快速捕捉(Q)	F3	滚动到 FeatureManager 树顶端	Home
显示 FeatureManager 树区域	F9	下一个命令管理器选项卡	Ctrl+PgDn
工具栏	F10	选择注解视图	'（单引号）
任务窗格(N)	Ctrl+F1	上一个命令管理器选项卡	Ctrl+PgUp
全屏	F11	视图选择器	Ctrl+SpaceBar
放大选项	G	过滤面	X
在几何图形上选择	T	接受边线	Y

（续）

功能	快捷键	功能	快捷键
选择所有	Ctrl+A	视图缩小	Z
直线(L)	L	视图放大	Shift+Z
欢迎使用 SOLIDWORKS	Ctrl+F2	移动选择痕迹、确认角落	D
帮助(H)	H	隐藏盘旋零部件/实体	Tab
命令(M)	W	显示盘旋零部件/实体	Shift+Tab
文件和模型(I)	I	显示所有隐藏的零部件/实体	Ctrl+Shift+Tab
前视	Ctrl+1	平移	Ctrl+方向键
后视	Ctrl+2	旋转	Shift+方向键
左视	Ctrl+3	自转	Alt+左或右方向键
右视	Ctrl+4	放弃操作	Esc

1.4　SolidWorks 2022 的文件管理

SolidWorks 2022 常用的文件管理命令有新建文件、打开文件、保存文件等。新建文件在前面已经介绍过，这里主要介绍如何打开文件、保存文件和退出系统。

1.4.1　打开文件

在 SolidWorks 2022 中，可以打开已存储的文件，对其进行相应的编辑和操作。打开文件的操作步骤如下。

1）选择"文件"→"打开"命令，或者单击快捷工具栏中的"打开"按钮，执行打开文件命令。

2）弹出"打开"对话框，如图 1-19 所示。在"文件类型"下拉列表框中选择文件的类型，在对话框中将会显示文件夹中对应文件类型的文件。单击"预览"按钮，选择的文件就会显示在对话框的"预览"窗口中，但是并不打开该文件。

3）选择了需要的文件后，单击对话框中的"打开"按钮，就可以打开选择的文件，对其进行相应的编辑和操作。

在"文件类型"下拉列表框中，并不限于 SolidWorks 类型的文件，还可以调用其他软件（如 Pro/E、CATIA、UG 等）所形成的图形并对其进行编辑，如图 1-20 所示。

1.4.2　保存文件

编辑好的图形只有保存后，才能在以后需要的时候打开进行相应的编辑和操作。SolidWorks 2022 有多种保存方法，如图 1-21 所示，最常用的保存文件可按如下步骤进行。

如文件还未保存过，可以选择"文件"→"保存"命令，或者单击快捷工具栏中的"保存"按钮，此时系统会弹出一个对话框，如图 1-22 所示。在"文件名"文本框中输入要保存的文件名称，在"保存类型"下拉列表框中选择要保存文件的类型，在不同的工作模式下，系统会自动设置文件的保存类型。在 SolidWorks 中不仅可以保存为自身的类型，还可以保存为其他类型的文件，以便其他软件能调用和进行操作。

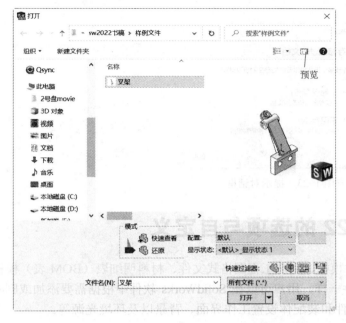

图 1-19 "打开"对话框

图 1-20 "文件类型"下拉列表框

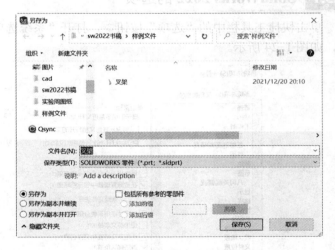

图 1-22 "另存为"对话框

图 1-21 保存方法

1.4.3 退出 SolidWorks 2022

在文件编辑并保存完成后，就可以退出 SolidWorks 2022 系统了。选择"文件"→"退出"命令，或者单击系统操作界面右上角的"退出"按钮×，都可以退出该系统。

如果退出前对文件进行了编辑而没有保存，或者在操作过程中不小心执行了退出命令，则会弹出提示对话框，如图 1-23 所示。如果要保存对文件的修改，则单击"全部保存"选项，系统就会保存修改后的文件，并退出 SolidWorks 系统；如果不保存对文件的修改，则单击"不保存"选项，系统将不保存修改后的文件，并退出 SolidWorks 系统；单击"取消"按钮，则取消退出操作，回到原来的操作界面。

图 1-23　提示对话框

1.5　SolidWorks 2022 的选项与自定义

SolidWorks 2022 可以自定义文件模板、用户工程图格式文件、材料明细表（BOM 表）模板格式等。与其他 Windows 风格的软件一样，用户可以在 SolidWorks 软件中根据需要添加或删除工具面板及命令；另外，还可以为零件和装配体设置工作界面、背景以及环境光源等。

1.5.1　SolidWorks 2022 的选项

单击快捷工具栏中的"选项"按钮⚙，打开"系统选项"对话框，切换到"系统选项"选项卡，如图 1-24 所示。

图 1-24　"系统选项"对话框

根据需要进行相应设置，初学者建议保持默认设置即可。

1.5.2 建立新模板

当用户新建文件时，通过选择文件模板开始工作。文件模板中包括文件的基本工作环境设置，如度量单位、网格线、文字的字体字号、尺寸标注方式和线型等。建议用户根据设计需求及国家标准定制文件模板。设定良好的文件模板有助于用户减少在环境设定方面的工作量，从而加快工作流程，在装配体中甚至可以设定预先载入的基础零件。例如，在模具设计应用中可以将冷冲模标准模架作为文件模板中的基础零件，然后在基础零件之上开展模具的设计工作。

在"系统选项"对话框中，切换到"文档属性"选项卡，选择"尺寸"选项，如图 1-25 所示。按照国家标准的规定进行相应设置，完成文件模板设置后，单击"确定"按钮退出设置后，再单击"保存"按钮，打开"另存为"对话框，在"保存类型"中选择零件模板"Part Templates (*.prtdot)"，此时文件的保存目录会自动切换到 SolidWorks 安装目录：\SolidWorks 2022\Templates。输入文件名为"gb_part.prtdot"，如图 1-26 所示，单击"保存"按钮，生成新的零件文件模板。此后选择新建文件时，"新建 SolidWorks 文件"对话框中会出现新建的模板文件。

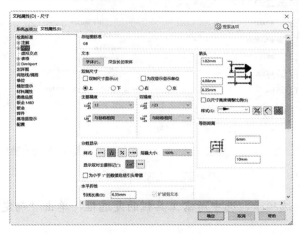

图 1-25 "文档属性"对话框

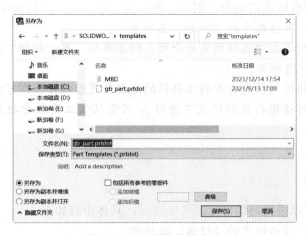

图 1-26 另存为模板文件

1.5.3 设置工具栏

1. 添加工具栏

SolidWorks 2022 除了默认的工具面板，也可以将工具栏添加到界面上，具体步骤如下。

1）单击图 1-17 所示快捷工具栏中的"自定义"选项，打开"自定义"对话框，如图 1-27 所示。

图 1-27 "自定义"对话框

2）打开"工具栏"选项卡，选中所需工具栏的复选框，单击"确定"按钮，在界面中即可出现所需的工具栏。

2. 添加命令按钮

如果在工具栏中没有所需的命令，则可以根据需要自行添加，具体步骤如下。

1）打开"自定义"对话框中的"命令"选项卡。

2）在"工具栏"列表框中选择所需命令所在的工具栏，在"按钮"选项组会出现该工具栏中所有的命令，如图 1-28 所示。

3）把要新增的按钮拖到预先打开的工具栏的适当位置后放开，即可新增按钮。减少命令按钮时（要在"自定义"对话框打开的情况下进行），只需从该工具栏中把要减少的按钮拖回"自定义"对话框即可。

1.5.4 其他设置

1. 自定义快捷键

为了方便工作，可以根据习惯自行定义快捷键，具体步骤如下。

1）打开"自定义"对话框中的"键盘"选项卡。

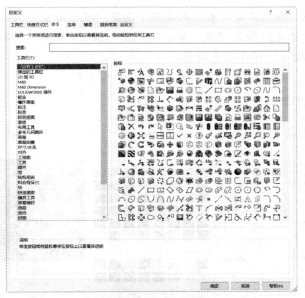

图 1-28　命令按钮的增减

2）分别选取需定义快捷键命令所在的"类别"及"命令"。

3）在"快捷键"文本框中输入所需字符，单击"确定"按钮，完成快捷键的设定，如图 1-29
所示。

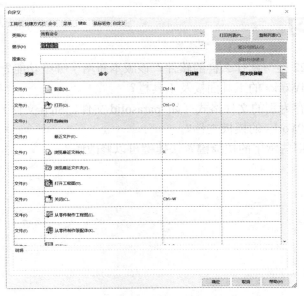

图 1-29　"快捷键"设定

2. 背景设置

用户可以通过设置颜色、背景等在 SolidWorks 2022 中得到个性化的工作背景和用户界面，
具体步骤如下。

1）单击快捷工具栏中的"选项"按钮 ⚙，在"系统选项"对话框的"系统选项"选项卡中

选择"颜色"选项，在"颜色方案设置"列表框中选择"视区背景"选项，单击"编辑"按钮，打开"颜色"对话框，选定绘图区颜色，单击"确定"按钮，如图 1-30 所示。

2）单击"确定"按钮，保存颜色设置。

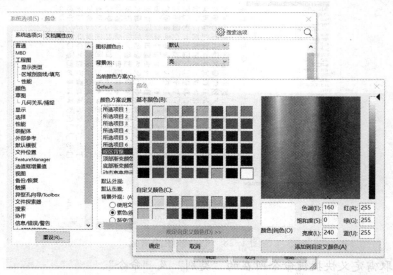

图 1-30 "颜色"对话框

1.6 课后练习

1. SolidWorks 2022 是一款什么样的软件？该版本新增了哪些功能？
2. 如何增减 SolidWorks 的工具面板及工具栏？
3. 如何将零件另存为别的文件格式（如 parasolid 文件、Step 文件）？
4. 如何创建 SolidWorks 的模板文件？
5. SolidWorks 有哪些常用的快捷键？快捷键可以修改吗？

第 2 章 二维草图绘制

本章重点介绍二维草图的绘制及编辑方法，这是 SolidWorks 建模的基础。草图是由点、线、圆弧、圆或样条曲线等基本曲线构成的封闭或不封闭的几何图形，是三维实体建模的基础。

高效的草图绘制，除了需要掌握常用草图绘制命令，还需要掌握草图的修改和编辑命令。一个完整的草图除了包括几何形状，还有几何关系和尺寸标注等。

本章重点：
- 绘制二维草图基准面的选择
- 绘制二维草图的常用命令
- 二维草图的图形编辑命令
- 二维草图的尺寸约束和几何约束

2.1 草图概述

高效率、高质量的草图绘制是成功创建三维造型的基础，草图绘制环境嵌入在 SolidWorks 各个功能模块中。

SolidWorks 是基于特征造型的三维设计软件，特征是在基本轮廓线的基础上生成的，而轮廓线需要用草图命令来绘制，因此掌握草图设计是学习 SolidWorks 软件的基础和前提。本节基于零件设计模块，介绍草图设计的常用绘图命令、编辑修改命令、约束命令和使用技巧。

2.1.1 草图基准面

1. 坐标系

进入 SolidWorks 零件模块以后，在绘图区的左下角会出现坐标指示图标，其 3 个箭头分别对应空间的 X、Y、Z 坐标方向，在绘图区的中间会出现坐标原点指示图标。在该窗口左边的设计树中则显示前视、上视、右视 3 个基准面以及原点等内容，如图 2-1 所示。

2. 基准面

绘制草图之前，必须先指定绘图基准面，绘图基准面有 3 种形式。

（1）指定默认基准面作为草图绘图平面

SolidWorks 提供了一个默认的坐标系，由前视基准面、上视基准面、右视基准面组成了一个正交平面坐标系。默认基准面中的前视基准面相当于画法几何中正视图的方位，上视基准面相当于俯视图的方位，右视基准面则相当于右视图的方位。将鼠标指针移动到设计树的某一基准面，绘图区会出现一个相对应的平面（高亮橘色），单击该基准面，会弹出关联工具栏，单击其中的"草图绘制"按钮，如图 2-2 所示，此时即可在此平面上绘制草图。

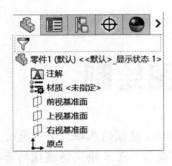

图 2-1 设计树

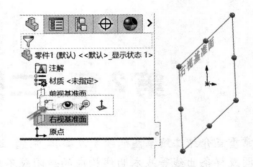

图 2-2 关联工具栏 1

（2）指定已有模型上的任一平面作为草图绘制平面

单击已有模型的某一平面，弹出图 2-3 所示的关联工具栏，单击其中的"草图绘制"按钮，即可进入草图绘制状态。

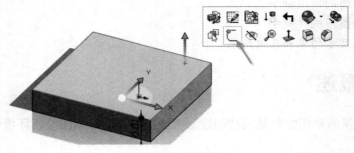

图 2-3 关联工具栏 2

（3）创建一个新的基准面

如果要绘制的草图既不在默认基准面上又不在模型表面上，就需要利用"特征"面板中"参考几何体"命令菜单中的"基准面"命令来创建一个新的基准面，如图 2-4 所示。单击"基准面"按钮，系统显示"基准面"对话框，如图 2-5 所示。

图 2-4 "参考几何体"菜单

图 2-5 "基准面"对话框

从"基准面"对话框可知，SolidWorks 提供了多种创建基准面的方法，可以说，只要是理论上能够生成的基准面，SolidWorks 都可以完成，下面选择几种常用的方法进行说明。

1）偏移平面。也称为平行平面，选取一个参考平面，然后使用多种方法确定偏移的距离，如通过一点、输入具体数值等。图 2-6 所示是输入具体数值创建的偏移平面。

2）夹角平面。可创建一个与已有平面成一定角度的基准面，通常需要设定一条基准线，如图 2-7 所示。

图 2-6　偏移平面图 2-7　夹角平面

📖 提示：基准面状态必须是完全定义，才能生成基准面，下同。

3）垂直曲线的平面。主要指过曲线上一点并与该曲线垂直的基准平面，如图 2-8 所示。

4）三点定面。通过给定的 3 个点来确定新基准面，如图 2-9 所示。

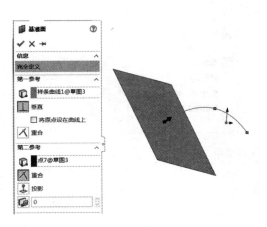

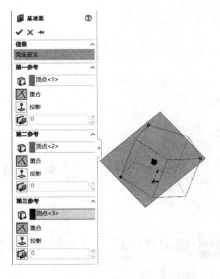

图 2-8　垂直曲线的平面图 2-9　三点定面

5）相切面。通过指定一个回转面，以及面上一点，可以建立一个与之相切的基准面，如图 2-10 所示。

2.1.2 进入草图绘制环境

在 SolidWorks 2022 的零件模块环境下，进入草图绘制环境常用以下两种方法。

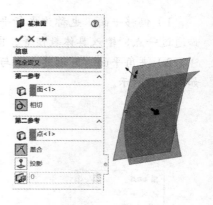

1）单击图 2-11 所示草图面板中的"草图绘制"按钮，在绘图区中，选择任意一个基准面，就可以进入一个绘图窗口，在左侧的设计树中，就会出现"草图"选项，如图 2-12 所示，即进入了草图绘制环境。

图 2-10 相切面

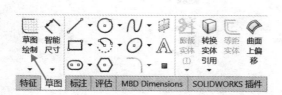

图 2-11 草图面板

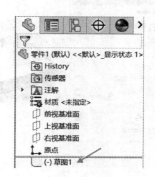

图 2-12 设计树中的"草图"选项

2）选择设计树中 3 个基准平面中的任意一个，单击或右击，就会弹出图 2-13 所示的关联菜单，在关联菜单中单击"草图绘制"按钮 □，就进入了草图绘制环境。

图 2-13 关联菜单

2.1.3 退出草图环境及编辑草图

1. 退出草图

在执行某些 SolidWorks 命令时，绘图区的右上角会出现一个或一系列的符号，这个区域称为

"确认角"。当草图被激活或打开时，"确认角"显示两个符号：一个符号是类似于草图绘制工具按钮的草图符号，另一个是红色的取消符号✖。单击草图符号，保存对草图所做的任何修改并退出草图绘制状态；单击取消符号✖将退出草图绘制状态并放弃对草图所做的任何修改，如图 2-14 所示。

2．编辑草图

已经退出草图环境后，在零件模块的设计树中找到对应的草图名称，单击或右击，弹出关联菜单，如图 2-15 所示。在关联菜单中单击"编辑草图"按钮☑，可以返回草图环境进行编辑修改。

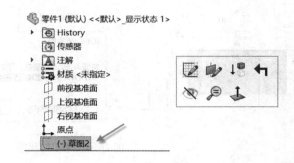

图 2-14　草图"确认角"　　　　图 2-15　编辑草图的关联菜单

2.1.4　草图的状态

由于草图受到的约束不一样，会有 5 种状态。草图的状态显示在 SolidWorks 窗口底端的状态栏上。

1．欠定义

在系统默认的颜色设置中，未完整定义的草图几何体是蓝色的，这时草图处于不确定的状态，如图 2-16a 所示。在零件的早期设计阶段，往往没有足够的信息来定义草图，SolidWorks 允许用这样的草图来创建特征，允许设计师在有了更多的信息后，再逐步加入其他的定义。但这样做容易产生意想不到的结果，因此应尽可能地完整定义草图。未完整定义的草图可以拖动端点、直线或曲线，改变其形状。

2．完整定义

完整定义的草图是黑色的（系统默认的颜色设置），草图具有了完整的信息，即可以得到唯一确定的图形，如图 2-16b 所示。一般规则是用于特征造型的草图应该是完整定义的。

3．过定义

过定义的草图是红色的（系统默认的颜色设置），如图 2-16c 所示，这时草图中有重复或互相矛盾的约束条件，如多余的尺寸或互相冲突的几何关联，必须修正后才能使用。

4．无解

草图为酱红色（系统默认的颜色设置），草图未解出。显示导致草图不能解出的几何体、几何关系和尺寸。

5．无效几何体

草图为黄色（系统默认的颜色设置），草图虽解出但会导致无效的几何体，如零长度线段、零半径圆弧或自相交叉的样条曲线。

对于过定义或者无解的草图，在结束草图时，系统会弹出错误窗口，如图 2-17 所示。

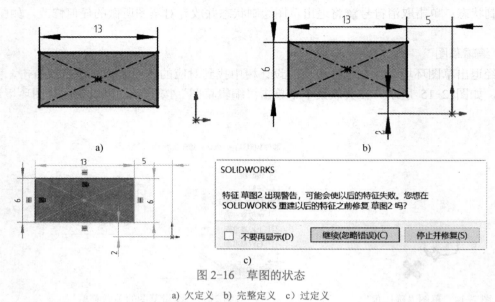

图 2-16 草图的状态

a) 欠定义   b) 完整定义   c）过定义

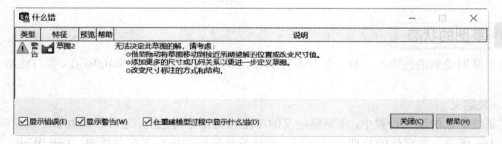

图 2-17 草图报错窗口

2.2 草图绘制命令

本节介绍常用的草图绘制命令，草图绘制命令包括绘制直线、矩形、平行四边形、多边形、圆、圆弧、椭圆、抛物线、样条曲线、点、中心线和文字等。常用草图绘制命令在工具面板上的位置如图 2-18 所示。

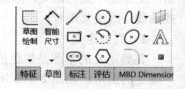

图 2-18 草图绘制命令

2.2.1 直线

1. 绘制方式及种类

利用"直线"命令可以在草图中绘制直线，可以通过查看绘图过程中鼠标指针的不同形状来绘制水平线或竖直线。

绘制直线有两种常用方式。

（1）单击-单击

单击，确定一个点，再单击确定另一个点，用这种方法可以连续画线。

（2）单击-拖动

在绘图区用鼠标左键选择起始点，并按住鼠标左键不放拖动到结束点，松开鼠标，这样可以绘制单条直线。

SolidWorks 2022 支持 3 种直线的绘制，如图 2-19 所示，分别是直线、中心线及中点线，其中直线的绘制最为常用，通常所称的绘制直线即绘制实线。

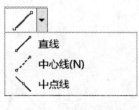

图 2-19　直线的种类

2．绘制直线

绘制"直线"的操作步骤如下。

1）单击"草图"面板中的"直线"按钮，移动鼠标指针到绘图区，鼠标指针的形状变成，表明当前绘制的是直线。

2）在绘图区中单击，松开并移动鼠标指针。水平移动时，鼠标指针带有形状，说明绘制的是水平线，系统会自动添加"水平"几何关系。右上角的数值不断变化，提示绘制直线的长度，如图 2-20a 所示；向上移动鼠标指针，形状消失，如图 2-20b 所示，继续移动鼠标指针，到大约垂直的位置后鼠标指针带有形状，说明绘制的是竖直线，如图 2-20c 所示。单击确定直线终点。如果要继续绘制直线，继续在线段的端点单击并松开鼠标。

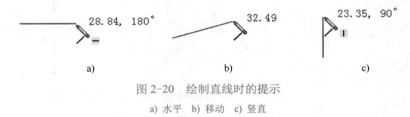

a)　　　　　　　　　　b)　　　　　　　　　　c)

图 2-20　绘制直线时的提示

a) 水平　b) 移动　c) 竖直

3）在绘制直线时有可能会出现黄色或者蓝色的虚线，这是推理线。蓝色说明现在绘制的线条和推理线重合，黄色是不重合。有时在鼠标指针的右下角有个黄色的小方块，这是推理约束，如果在有推理约束的情况下绘制线条就能自动加入这个约束。同时在鼠标指针后面会显示直线的长度和角度，如图 2-21 所示。

📖 说明：SolidWorks 是参数化绘图软件，支持尺寸驱动，几何体的大小是通过为其标注的尺寸来控制的。因此，绘制草图的过程中只需要绘制近似的大小和形状即可，然后利用尺寸标注来使其精确。

3．结束绘制直线

当要结束绘制直线命令时，可以采用以下几种方式。

● 按〈Esc〉键。

● 再次单击"直线"命令。

● 单击左侧"属性"对话框中的"确定"按钮 ✓ 。

● 单击右键快捷工具栏中的"选择"按钮 。

● 在绘图区右击，从弹出的快捷菜单中选择"选择"命令，如图 2-22 所示。

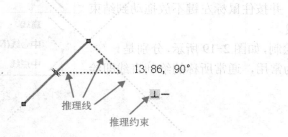

推理线

推理约束

图 2-21 推理线和推理约束

图 2-22 右键快捷菜单

4. 中心线和构造线

构造线使用与中心线相同的线型。

中心线主要用作尺寸参考、镜像基准线等，构造线用来协助生成最终会被包含在零件中的草图实体及几何体。当草图被用来生成特征时，构造几何线被忽略。

中心线和构造线的绘制方法同直线，如图 2-23 所示。

图 2-23 绘制中心线和构造线

草图上已绘制的图线可以转换为构造几何线，操作步骤如下。

1）在绘图区选取草图实体。

2）单击或右击，都会弹出图 2-24 所示的快捷菜单，单击"构造几何线"按钮⊡，该实线变为构造线，选取构造线，则变成实线。

2.2.2 矩形

在草图绘制状态下，单击"草图"面板中"边角矩形"按钮⊡，此时鼠标指针变为⌐形状，绘制矩形也有两种鼠标操作方式（单击-单击，单击-拖动）。在左侧的属性栏和"草图"面板中，均提供了绘制矩形的 5 种方法，如图 2-25 所示。

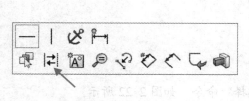

图 2-24 快捷菜单

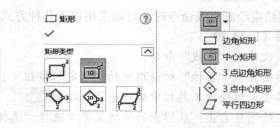

图 2-25 矩形的绘制方法

2.2.3　圆

SolidWorks 2022 提供了两种绘圆的方法："圆"和"周边圆"。"草图"面板中的"圆"命令如图 2-26 所示。

1. 绘制"圆"

1）单击"草图"面板中的"圆"按钮◉后，左侧的"圆"属性对话框如图 2-27 所示，移动鼠标指针到绘图区，鼠标指针的形状变成✎，表明当前绘制的是圆。

图 2-26　"草图"面板中的"圆"命令　　　　图 2-27　"圆"属性对话框

2）单击绘图区放置圆心。

3）移动鼠标指针并单击，如图 2-28a 所示。这样就完成了圆的绘制。

2. 绘制"周边圆"

1）单击"草图"面板中的"周边圆"按钮◐，出现"圆"属性对话框，移动鼠标指针到绘图区，鼠标指针的形状变成✎。

2）单击绘图区放置第 1 点。

3）移动鼠标指针并单击放置第 2 点。

4）再移动鼠标指针并单击放置第 3 点，如图 2-28b 所示。这样就完成周边圆的绘制。

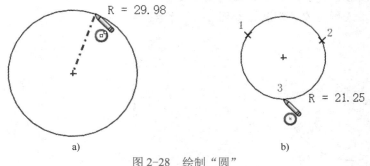

图 2-28　绘制"圆"

a) 圆　b) 周边圆

2.2.4　圆弧

圆弧的绘制有 3 种方式："圆心/起/终点画弧""切线弧"和"3 点圆弧"，"圆弧"绘制面板如图 2-29 所示。

1. 绘制"圆心/起/终点画弧"

1）单击"草图"面板中的"圆心/起/终点画弧"按钮  ，在属性管理器中就会弹出"圆弧"属性对话框，如图 2-30 所示。移动鼠标指针到绘图区，此时鼠标变为 形状，表明当前绘制的是"圆心/起/终点画弧"。

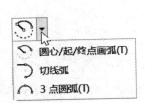

图 2-29 "圆弧"绘制面板

图 2-30 "圆弧"属性对话框

2）单击绘图区放置圆弧中心。

3）移动鼠标指针并单击设定半径以及圆弧起点后松开鼠标。

4）在圆弧上单击，确定其终点位置，如图 2-31 所示。

2. 绘制"切线弧"

1）单击"切线弧"按钮 ，移动鼠标指针到绘图区，鼠标指针的形状变成 ，表明当前绘制的是"切线弧"。

2）在直线、圆弧、椭圆或样条曲线的端点处单击。

3）拖动圆弧以绘制所需的形状，如图 2-32 所示。

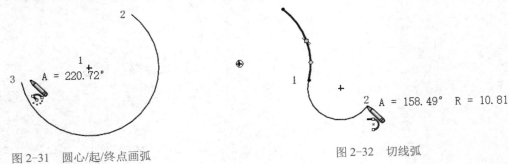

图 2-31 圆心/起/终点画弧

图 2-32 切线弧

3. 绘制"3 点圆弧"

1）单击"3 点圆弧"按钮 ，移动鼠标指针到绘图区，鼠标指针的形状变成 ，表明当前绘制的是"3 点圆弧"。

2）单击鼠标绘图区放置圆弧的起点位置。

3）拖动鼠标到圆弧结束的位置，释放鼠标。

4）拖动圆弧以设置圆弧的半径，如图 2-33 所示。

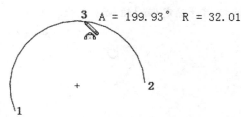

2.2.5 多边形

1）在草图绘制状态下，单击"草图"面板中"多
边形"按钮⊙，此时鼠标指针变为形状，在属性管理
器中弹出"多边形"属性对话框。

图 2-33　绘制 3 点圆弧的过程

2）在"多边形"属性对话框中输入多边形的边线数量。

3）在图形区单击第一个点确定多边形的中心，单击第二个点确定内切圆或者是外接圆的半
径，单击✓完成绘制。"多边形"属性对话框及示例如图 2-34 所示。

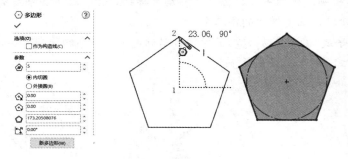

图 2-34　"多边形"属性对话框及示例

2.2.6 椭圆、部分椭圆、抛物线和圆锥

这几个命令集成在一个面板命令集中，如图 2-35 所示。

1. 椭圆的绘制

1）在草图绘制环境下，单击"草图"面板中的"椭圆"按钮⊙，鼠标指针变为形状，在
属性管理器中弹出"椭圆"属性对话框，如图 2-36 所示。

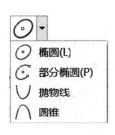

图 2-35　"椭圆"绘制面板

图 2-36　"椭圆"属性对话框

2）在绘图区单击确定椭圆中心，移动鼠标指针确定椭圆的长轴（或短轴）端点，继续移动

鼠标指针确定椭圆短轴（或长轴）端点，完成椭圆的绘制，单击 ✓ 完成绘制，如图 2-37 所示。

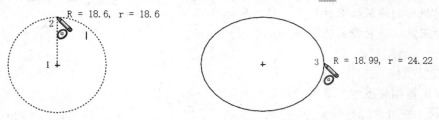

图 2-37　椭圆绘制过程

2．椭圆弧的绘制

1）在草图绘制环境下，单击"草图"面板中的"部分椭圆"按钮 ⌒⊙，鼠标指针就变为 ⤸ 形状。

2）在绘图区单击确定椭圆中心的位置，移动鼠标指针并再次单击确定椭圆的第一个轴，再移动鼠标指针并继续单击确定椭圆的第二个轴。

3）保留圆周引导线，围绕圆周移动鼠标指针以确定部分椭圆的范围并单击，如图 2-38 所示，设置好部分椭圆属性，单击 ✓ 完成绘制。

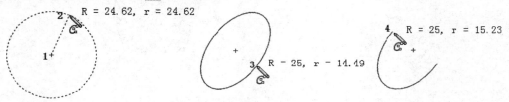

图 2-38　椭圆弧绘制过程

3．抛物线的绘制

1）在草图环境下，单击"草图"面板中"抛物线"按钮 ⋃，鼠标指针就变为 ⤸ 形状。

2）在绘图区单击确定抛物线的焦点，再次单击以确定抛物线开口方向和极点位置。

3）然后将鼠标指针移动到抛物线的起点处，沿抛物线轨迹绘制抛物线，在"抛物线"属性对话框中设置好各项属性后，单击 ✓ 按钮完成抛物线的绘制，如图 2-39 所示。

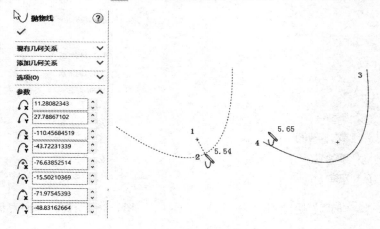

图 2-39　"抛物线"属性对话框及绘制过程

4. 圆锥（锥形）的绘制

该命令的作用是绘制由端点和 Rho 数值驱动的锥形曲线。曲线可以是椭圆、抛物线或双曲型，具体取决于 Rho（曲线饱满值）数值。

锥形曲线可以参考现有的草图或模型几何体，也可以是独立的实体，还可以使用驱动尺寸为曲线标注尺寸，所得尺寸将显示 Rho 数值，锥形实体还包含曲率半径的数值。绘制锥形曲线的操作步骤如下。

1）在草图环境下，单击"草图"面板中的"锥形"按钮 ⌒，鼠标指针就变为 形状，在左侧的"圆锥"属性对话框中选中"自动相切"选项，如图 2-40 所示。

2）在绘图区依次单击两独立曲线的端点，然后移动鼠标指针确定第三点位置，单击确定即可在两独立曲线之间绘制与之相切的锥形曲线，如图 2-41 所示。

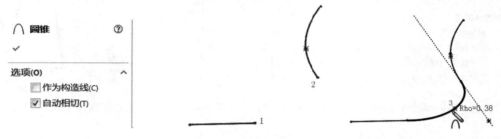

图 2-40 "圆锥"属性对话框   图 2-41 锥形曲线绘制过程

📖 说明：一般情况下，Rho（曲线饱满值）数值越小，曲线就越平坦；Rho 数值越大，曲线就越饱满。Rho<0.5 时，曲线为椭圆；Rho=0.5 时，曲线为抛物线；Rho>0.5 时，曲线为双曲线。

2.2.7 样条曲线

"样条曲线"命令组包括"样条曲线""样式样条曲线"和"方程式驱动的曲线"3 种，如图 2-42 所示。

"样条曲线"比较适合创建自由形状的曲线；"样式样条曲线"主要是指贝塞尔曲线和 B 样条曲线；"方程式驱动的曲线"主要是指公式曲线。

绘制"样条曲线"的操作步骤如下。

1）单击"草图"面板中的"样条曲线"按钮 ∿，移动鼠标指针到绘图区，鼠标指针的形状变成 ，表明当前绘制的是样条曲线。

2）单击确定样条曲线的起始位置，移动鼠标指针拖出样条曲线的第一段，再单击确定曲线的第二点，拖出曲线的第二段，依次单击确定其余各段。

3）按〈Esc〉键，或再次单击"草图"面板中的"样条曲线"按钮，或右击，在弹出的快捷菜单中选择"选择"命令，均可结束绘制。示例如图 2-43 所示。

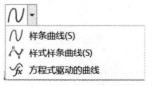

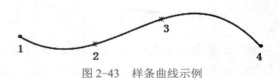

图 2-42 "样条曲线"命令组   图 2-43 样条曲线示例

图 2-44 所示为"插入样式样条曲线"属性对话框及绘制贝塞尔曲线的示例。

如果绘制以"显性"方程式"y=2*(x+3*sin(x))"驱动，指定 $x_1=0$，$x_2=2*pi$，则"方程式驱动的曲线"属性对话框和绘制的曲线如图 2-45 所示。

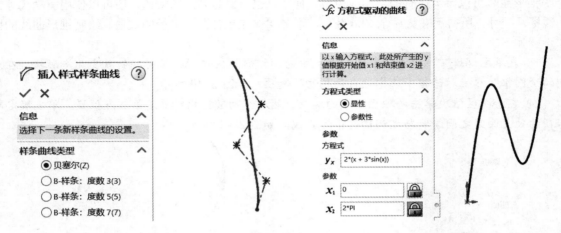

图 2-44 "插入样式样条曲线"属性对话框及示例　　图 2-45 "方程式驱动的曲线"属性对话框及示例

2.2.8 槽口

"槽口"命令组包括"直槽口""中心点直槽口""三点圆弧槽口"和"中心点圆弧槽口"4 种，如图 2-46 所示，下面以"三点圆弧槽口"命令为例简单说明操作步骤。

1）在草图绘制环境下，单击"草图"面板中的"三点圆弧槽口"按钮，鼠标指针变为 形状，在属性管理器中弹出"槽口"属性对话框，如图 2-47 所示。

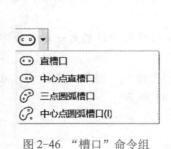

图 2-46 "槽口"命令组

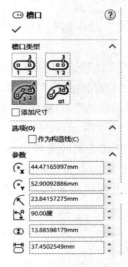

图 2-47 "槽口"属性对话框

2）在图形区单击确定第一点，然后拖动鼠标依次确定第二点和第三点。

3）拖动鼠标确定槽口宽度后单击，即可完成三点圆弧槽口的绘制，如图 2-48 所示。

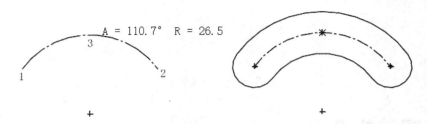

图 2-48　三点圆弧槽口示例

2.2.9 文字

可以在零件的面上添加文字，以及拉伸和切除文字。文字可以添加在任何连续曲线或边线组中，包括由直线、圆弧或样条曲线组成的圆及轮廓。

绘制"文字"的操作步骤如下。

1）选择"草图"面板中的"文字"按钮![按钮]，弹出"草图文字"属性对话框，如图 2-49 所示。

2）修改属性对话框中的参数，如果要修改字体及字号，可以单击"字体"按钮，系统弹出"选择字体"对话框，如图 2-50 所示，可以设置字体、字号和字体样式等参数。

图 2-49　"草图文字"属性对话框

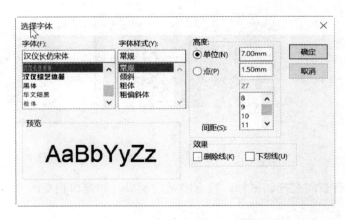

图 2-50　"选择字体"对话框

3）"曲线"选项组是用来确定草图文字所添加的曲线，可选取一条边线或一个草图轮廓，所选项目的名称会显示在曲线的选项列表中。

4）在"文字"选项组中输入要显示的文字，输入文字时，文字将出现在绘图区中。当需要编辑草图文字时，先选取需编辑的文字，然后单击"文字"选项组下方相应的按钮。

5）单击"确定"按钮![按钮]完成文字的添加或编辑，文字示例如图 2-51 所示。

图 2-51　草图文字示例

2.3　草图编辑命令

常用的草图编辑命令有圆角、倒角、等距、移动、旋转、缩放、剪裁、延伸和分割合并等操作命令，本节介绍这类命令。

2.3.1　选取实体

要想对绘制的图线进行编辑修改，首先要进行选取，选取图线实体的方法有下列几种。

1. 单一选取

单击要选取的实体，每一次只能选择一个实体。

2. 多重选取

按住〈Ctrl〉键不放，依次单击需选择的实体。

3. 框选实体

框选实体分为窗口方式和交叉方式。

单击第一点（按住不放），拖动要选取范围的第二点，放开鼠标，即为框选。

自左向右拖动鼠标，拉出的是实窗口，全部落入窗口的实体才被选中，如图 2-52 所示。

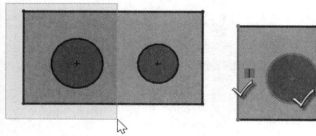
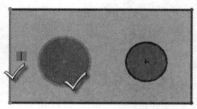

图 2-52　窗口选择

自右向左拖动鼠标，拉出的是虚窗口，和窗口相交的实体就会被选中，如图 2-53 所示。

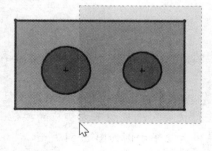
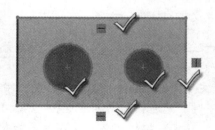

图 2-53　交叉选择

2.3.2 绘制圆角

"绘制圆角"命令是将两个草图实体生成一个与两个草图实体都相切的圆弧，此命令在二维草图和三维草图中均可使用。

图 2-54 所示的几种情况都可以生成图 2-55 所示相似的圆角。绘制圆角的步骤如下。

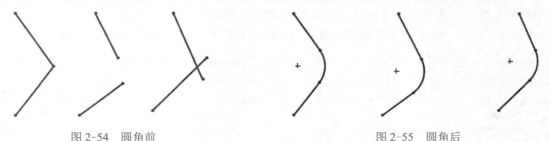

图 2-54　圆角前　　　　　　　　　　　　　　　　　　图 2-55　圆角后

1）在草图编辑状态下，单击"草图"面板中的"绘制圆角"按钮 ，此时在属性管理器窗口弹出"绘制圆角"属性对话框，如图 2-56 所示。

2）设置好"绘制圆角"属性对话框各选项后，单击两条直线或单击要绘制圆角的两条线的交点，再单击"绘制圆角"属性对话框中的"确定"按钮 就完成了圆角的绘制。

"绘制圆角"属性对话框中各选项的含义如下。

● 圆角半径 ：设置圆角半径，它们自动与该系列圆角中第一个圆角具有相同的几何关系。

● 保持拐角处约束条件：选中此复选框，将保留虚拟交点，如果不选中此复选框，且顶点具有尺寸或几何关系时，将会询问是否想在生成圆角时删除这些几何关系。

● 标注每个圆角的尺寸：选中此复选框，可将尺寸添加到每个圆角。当不选中此复选框，在圆角之间添加相等几何关系，如图 2-57 所示。

图 2-56　"圆角"属性对话框

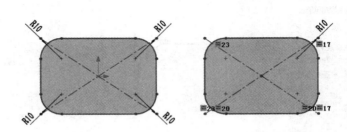

图 2-57　是否标注每个圆角的尺寸

2.3.3 绘制倒角

绘制倒角的步骤如下。

1）在打开的草图中单击"草图"面板上的"绘制倒角"按钮，此时在属性管理器窗口弹出"绘制倒角"属性对话框。

2）设置好属性对话框中各项参数后选择要倒角的两条线或交点，此时鼠标指针变为形状。单击"绘制倒角"属性管理器中的"确定"按钮就完成了倒角的绘制。

"绘制倒角"属性对话框中各选项的含义如下。

● 角度距离：选中此单选按钮，设置倒角的距离和倒角角度，如图 2-58 所示。
● 距离-距离：选中此单选按钮，设置两个倒角的距离，如图 2-59 所示。

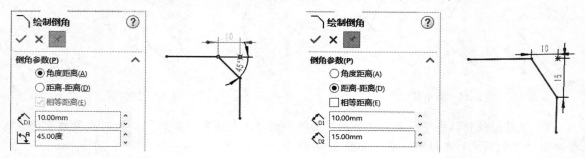

图 2-58 "角度距离"方式　　　　　　图 2-59 "距离-距离"方式

● 相等距离：选择此复选框，可以绘制等距离倒角，如图 2-60 所示。

2.3.4　等距实体

"等距实体"命令的作用是将其他特征的边线以一定的距离和方向偏移，偏移的特征可以是一个或多个草图实体、一个模型面、边线或外部的草图曲线。绘制等距实体的步骤如下。

1）在草图环境中，选择一个或多个草图实体、一个模型面，或一条模型边线。单击"草图"面板上的"等距实体"按钮，此时属性管理器窗口弹出"等距实体"属性对话框。

2）设置好属性对话框中相关参数后，单击按钮，或在绘图区中单击，即可生成等距实体，如图 2-61 所示。

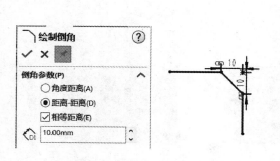

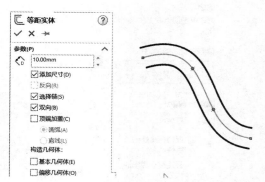

图 2-60 "相等距离"方式　　　　　图 2-61 "等距实体"属性对话框及示例

"等距实体"属性对话框中各选项的含义如下。

● 等距距离：设定数值以特定距离来等距草图实体。若想动态预览，按住鼠标左键并在绘图区中拖动鼠标，释放鼠标时，等距实体绘制完成。

- 添加尺寸：在草图中标注等距距离。
- 反向：更改单向等距的方向。
- 选择链：生成所有连续草图实体的等距。
- 双向：在双向生成等距实体。
- 顶端加盖：通过选择双向并添加一顶盖来延伸原有非相交草图实体。生成的延伸顶盖有圆弧和直线两种类型，可单击对应的单选按钮选择。
- 构造几何体：使用基本几何体、偏移几何体或两者将原始草图实体转换为构造线。

表 2-1 列出了部分常见的等距实体示例。

表 2-1　部分常见的等距实体示例

名称	示例	名称	示例
基本几何体已选中	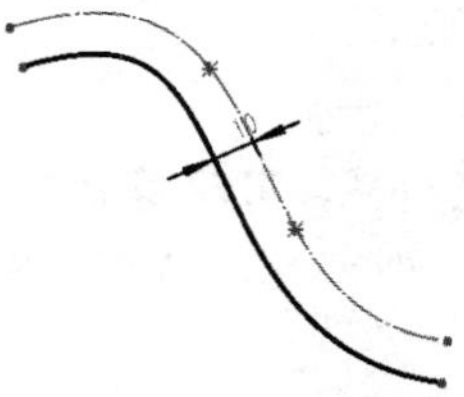	偏移几何体已选中	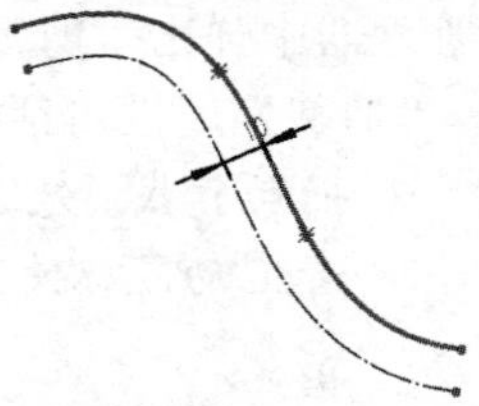
顶端加盖-圆弧	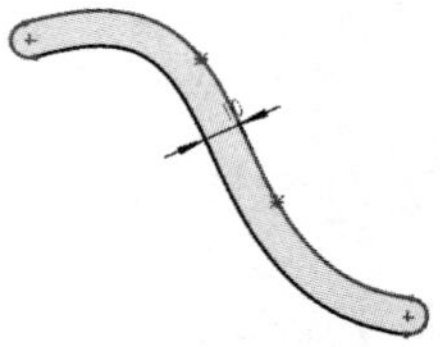	顶端加盖-直线	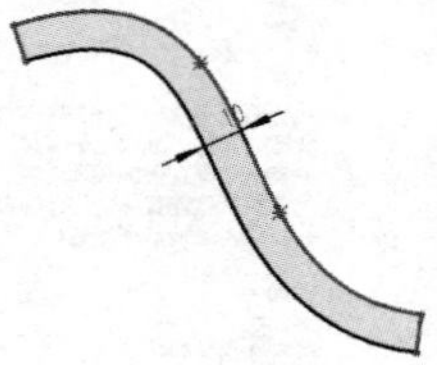
顶端加盖-基本几何体	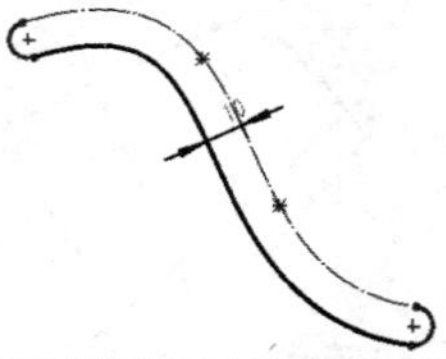	顶端加盖-偏移几何体	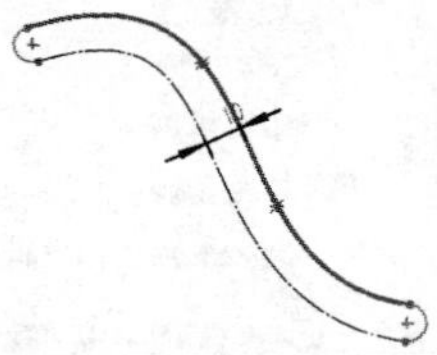
顶端加盖-基本几何体和偏移几何体（圆弧）	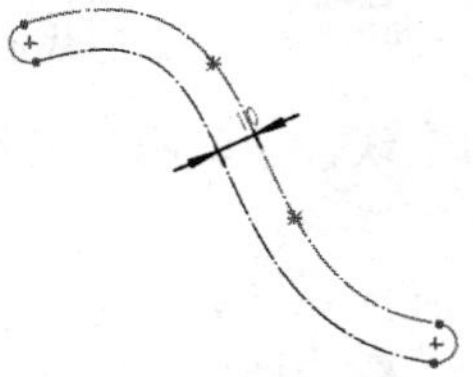	顶端加盖-基本几何体和偏移几何体（直线）	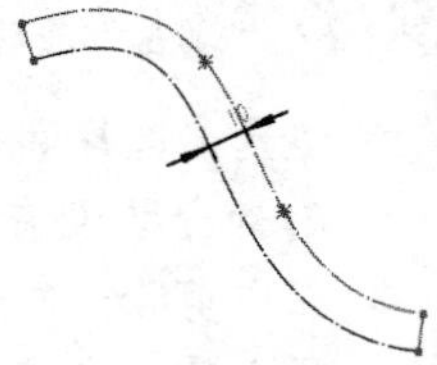

2.3.5 转换实体引用

"转换实体引用"命令可通过投影一边线、环、面、曲线、外部草图轮廓线、一组边线或一组草图曲线到草图基准面上以在草图中生成一条或多条曲线，从而在两个特征之间形成父子关系。被引用特征的变化会引起子特征的相应变化。

首先新建草图面，选择需要引用的边界，然后单击"草图"面板中的"转换实体引用"按钮，该边界就会投影到草图面上，成为完全定义的草图实体，示例如图 2-62 所示。

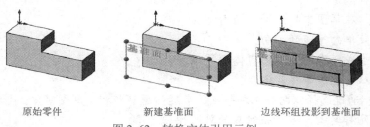

原始零件　　　　　　　新建基准面　　　　　边线环组投影到基准面

图 2-62　转换实体引用示例

2.3.6　剪裁实体

"剪裁实体"命令主要用于删除一个草图实体与其他草图实体相互交错产生的线段；如果草图没有与其他实体相交，则删除整个草图实体。选择草图工具栏中的"剪裁实体"按钮，在属性管理器中弹出"剪裁"属性对话框，如图 2-63 所示。

"剪裁"属性对话框中各选项的含义如下。

- 强劲剪裁：先选择剪裁的对象，再选择剪裁边界，剪除剪裁对象在选择点一侧的部分，或者拖动鼠标使鼠标指针划过需裁剪的图线，即可完成裁剪，如图 2-64 所示。

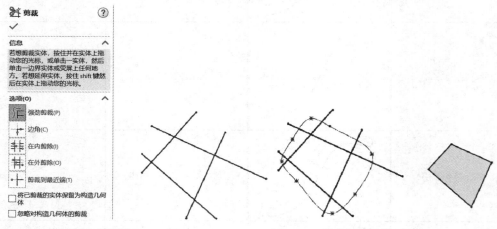

图 2-63　"剪裁"属性对话框　　　　　　　图 2-64　强劲剪裁示例

- 边角：选择两条相交（或延伸线能相交）的直线，剪裁两条直线在选择点另一侧至相交点的部分（没有相交的直线可延伸至交点）。
- 在内剪除：先选择两条直线作为剪裁边界，再选择剪裁对象，剪除剪裁对象在两条剪裁边界之间的部分（当鼠标指针移到剪裁对象上时，被剪除的部分用红色表示）。
- 在外剪除：先选择两条直线作为剪裁边界，再选择剪裁对象，剪除剪裁对象在两条剪裁边界之外的部分（当鼠标指针移到剪裁对象上时，被剪除的部分用红色表示）。
- 剪裁到最近端：剪裁的原则是"分割与剪裁"，即剪裁删除一个草图实体与其他草图实体相互交错产生的分段，如果草图实体没有与其他实体相交，则删除整个草图实体。将鼠标指针移动到草图实体上确定剪裁的部分，系统以红色显示被剪裁部分，单击完成剪裁。

2.3.7　延伸实体

"延伸实体"命令可将草图实体延伸到与另一个草图相交。可以延伸的草图实体包括直线、中心线和圆弧。系统会自动判断并将操作对象延伸到最近的其他草图实体上。延伸实体的操作步骤如下。

1）单击"草图"面板上的"延伸实体"按钮，此时鼠标指针变为。

2）将鼠标指针移动到实体上靠近欲延伸的一端，实体变成红色，并出现红色延伸线，此时单击即可完成草图延伸操作。示例如图 2-65 所示。

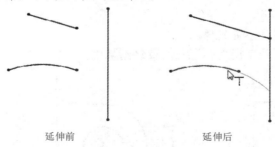

延伸前　　　　　　　　　延伸后

图 2-65　延伸实体

2.3.8　镜像实体

对于有对称结构的草图来说，可以只画一侧，然后用"镜像实体"命令完成另一侧。草图镜像有两种操作方式。

- 先执行命令，再选择相应的草图特征。
- 先选择要镜像的草图特征，再执行命令。

镜像实体有两类：镜像和动态镜像。

1. 镜像

单击"草图"面板中的"镜像实体"按钮，打开"镜像○"
属性对话框，如图 2-66 所示，各选项含义如下。

- 要镜像的实体：选择要镜像的所有实体，如图 2-67a 所示。
- 复制：选中该复选框，表示镜像后，被镜像的实体仍然保留，如图 2-67b 所示，取消选中此复选框，表示仅保留镜像后的草图实体，如图 2-67c 所示。
- 镜像轴：选择镜像对称线。

图 2-66　"镜像"属性对话框

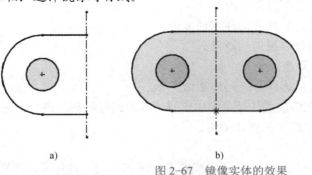

a)　　　　　　　　　　　b)　　　　　　　　　　　c)

图 2-67　镜像实体的效果

a) 原始图　b) 选中"复制"复选框　c) 不选中"复制"复选框

○ 因软件版本问题，图示中的镜向应为镜像。

2．动态镜像

选择"工具"→"草图工具"→"动态镜像"命令，可以实现草图的动态镜像，如图 2-68 所示。

只有选择了镜像轴以后绘制的实体，才会以镜像轴为准进行镜像。动态镜像实体的限制有以下两点。

- 预先存在的草图实体不可镜像。
- 原始草图实体和镜像草图实体包括在最终结果中。

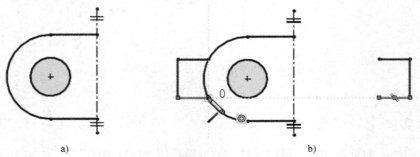

a)   b)

图 2-68　动态镜像实体的效果

a) 选择镜像所需的镜像轴　b) 只镜像新绘制的草图实体

2.3.9　草图阵列

阵列是将草图实体以一定的方式复制生成多个排列图形。阵列有两种方式：一种是线性阵列，另一种是圆周阵列。

1．线性阵列

线性阵列的操作步骤如下。

1）在草图绘制环境下，单击"草图"面板中"线性阵列"按钮🔠，此时鼠标指针就变为🔧形状，在属性管理器窗口弹出"线性阵列"属性对话框，如图 2-69 所示。

2）设置草图排列的位置，并选择要复制的草图实体，单击"确定"按钮✓，即完成线性阵列，如图 2-70 所示。

"线性阵列"属性对话框中各选项的含义如下。

- ↗反向：单击该按钮可以变换 X 方向阵列的方向。
- ⟨⟩间距：表示 X 方向阵列的草图间的距离。
- 角度：设置阵列的旋转角度。
- 要阵列的实体：在绘图区选择要阵列的草图实体。

在阵列中任意实体上右击，在弹出的快捷菜单中选择"编辑线性阵列"命令，在属性管理器中重新设置行数和列数，可以对线性阵列进行编辑。

2．圆周阵列

圆周阵列是将草图实体沿一个指定大小的圆弧或圆进行环状阵列，具体操作步骤如下。

1）在草图绘制环境下，单击"草图"面板中的"圆周阵列"按钮❖，此时鼠标指针就变为🔧形状，在属性管理器窗口弹出"圆周阵列"属性对话框，如图 2-71 所示。

2）选择"圆周阵列"属性对话框中的"要阵列的实体"列表框，然后在绘图区中选择要阵列的几何实体。

3）在"参数"选项组的 ⬚ 列表框中选择圆周阵列的圆心，在 ❈ "数量"文本框中输入要阵列的个数。最后单击"确定"按钮 ✓，完成圆周阵列操作，阵列效果如图 2-72 所示。

图 2-69 "线性阵列"属性对话框

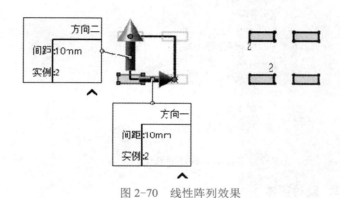

图 2-70 线性阵列效果

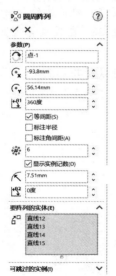

图 2-71 "圆周阵列"属性对话框

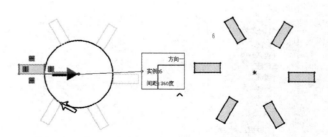

图 2-72 圆周阵列的效果

2.3.10 其他常用编辑命令

1. 移动/复制实体

"移动实体"命令可将指定的图素进行移动；"复制实体"命令可将指定的图素进行平移复制。

移动实体的操作步骤如下。

1）单击"草图"面板中"移动实体"按钮 ⌀，在属性管理器窗口弹出"移动"属性对话框，如图 2-73 所示。

2）选择要移动的草图实体并右击，在绘图区选择移动的基准点，移动鼠标指针到目标点，单击"确定"按钮 ✓，完成移动实体操作。

"复制实体"和"移动实体"的操作步骤完全相同，不同之处在于是否保留原实体，这里就不再重复了。"复制"属性对话框如图 2-74 所示。

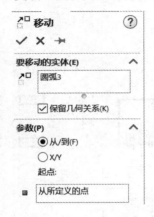

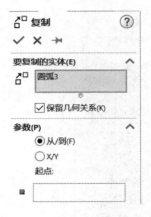

图 2-73 "移动"属性对话框   图 2-74 "复制"属性对话框

2. 旋转实体

"旋转实体"命令是通过选择旋转中心及旋转的度数来旋转草图实体，具体操作步骤如下。

1）选择要旋转的草图，单击"草图"面板中的"旋转实体"按钮 ⌀。在属性管理器中弹出"旋转"属性对话框，如图 2-75 所示。

2）在"参数"选项组选择"旋转中心"中旋转所定义的点，此时鼠标指针变为 🖱 形状。在"角度"文本框中设置旋转角度，或者在绘图区中移动鼠标指针，单击"确定"按钮 ✓，旋转示例如图 2-76 所示。

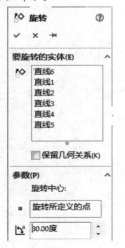

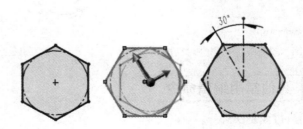

图 2-75 "旋转"属性对话框   图 2-76 旋转实体示例

3. 缩放实体比例

"缩放实体比例"命令可将实体草图放大或缩小一定的倍数，具体操作步骤如下。

1）选择要按比例缩放的草图，单击"草图"面板中的"缩放实体比例"按钮 ，此时在特征管理器窗口弹出"比例"属性对话框，如图 2-77 所示。

2）在"参数"选项组中选择缩放点、输入比例因子；选中"复制"复选框，表示可以将草图按比例缩放并保留原来的草图。

3）选中"复制"复选框后，会出现"份数"文本框，可以输入依次缩放的份数。单击"确定"按钮 ，完成缩放实体比例操作，示例如图 2-78 所示。

图 2-77 "比例"属性对话框

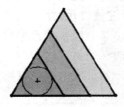

图 2-78 缩放实体比例示例

4. 伸展实体

"伸展实体"命令用于草图实体的拉伸，具体操作步骤如下。

1）选择要伸展的草图实体，单击"草图"面板中的"伸展实体"按钮 ，此时在特征管理器窗口弹出"伸展"属性对话框，如图 2-79 所示。

2）框选需伸展的部分实体，在"参数"选项组中选择基准点，再选择目标点，单击"确定"按钮 ，完成伸展实体操作，示例如图 2-80 所示。

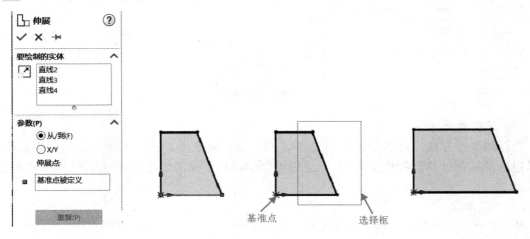

图 2-79 "伸展"属性对话框

图 2-80 伸展实体示例

2.4 草图尺寸约束

SolidWorks 是一种参数化实体造型软件，其最主要的特点就是尺寸约束和几何约束技术，其中尺寸约束是指图形的形状或各部分间的相对位置与所标注的尺寸相关联，若想改变图形的形状大小或各部分间的相对位置，只要改变所标注的尺寸就可完成。

2.4.1 标注尺寸

SolidWorks 草图环境支持多种尺寸的标注，草图面板中的尺寸标注命令如图 2-81 所示。其中最为常用的是"智能尺寸"标注方法，该方法的操作比较简单，标注特征可以是点、直线、圆弧等。

单击"草图"面板上的"智能尺寸"按钮，鼠标指针变为，即可进行尺寸标注。按〈Esc〉键，或再次单击，即可退出尺寸标注。

下面以"智能尺寸"命令为例，来介绍一下尺寸标注的操作步骤。

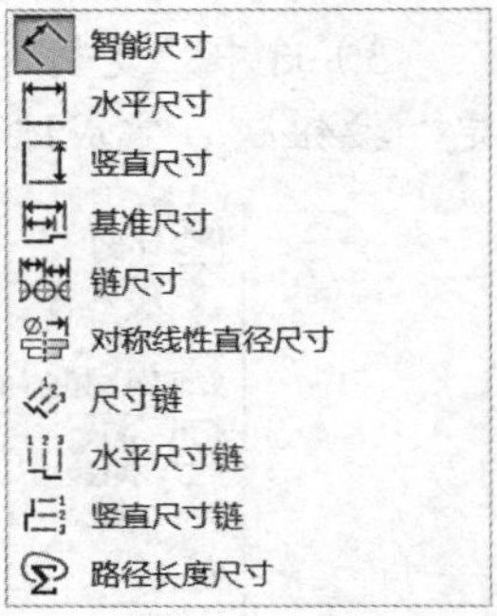

1．标注线性尺寸

线性尺寸一般包括水平尺寸、垂直尺寸或平行尺寸。

（1）选择一条直线

选择一条直线，拖动鼠标到不同位置，可以标注出图 2-82 的几种线性尺寸。

图 2-81　尺寸标注命令

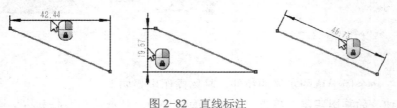

图 2-82　直线标注

（2）选择两点

选择两点，拖动鼠标到不同位置，可以标注出图 2-83 的几种线性尺寸。

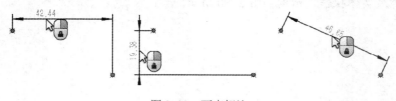

图 2-83　两点标注

（3）选择两平行线

选择两条平行线，可以标注出图 2-84a 所示的距离尺寸。如果其中一条线是中心线，则可以根据鼠标指针移动的位置不同，标注出类似半径和直径的线性尺寸，如图 2-84b 和图 2-84c 所示。

2．标注角度

角度尺寸分为两种：一种是两直线间的角度尺寸，另一种是直线与点间的角度尺寸。

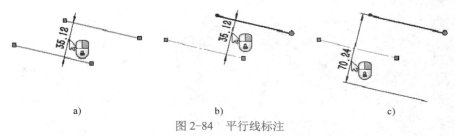

图 2-84　平行线标注

a) 两直线　b) 中心线、直线的半径　c) 中心线、直线的直径

（1）两直线间的角度标注

图 2-85 所示为选择两直线以后，移动鼠标指针到不同位置标注出的角度。

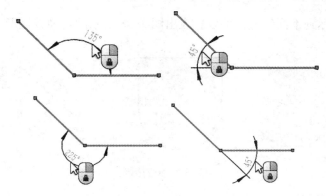

图 2-85　两直线间的角度标注

（2）直线和点的角度标注

当需标注直线与点之间的角度时，不同的选取顺序，会导致尺寸标注形式的不同，如图 2-86 所示。一般的选取顺序是：直线的一个端点→直线的另一个端点→点。

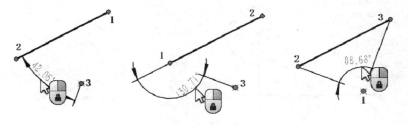

图 2-86　直线和点的角度标注

3．标注圆弧

圆弧的标注分为标注圆弧半径、标注圆弧弧长和标注圆弧弦长。

（1）标注圆弧半径

直接选择圆弧，拖动鼠标即可标注圆弧的半径，如图 2-87a 所示。

（2）标注圆弧弧长

选择圆弧及圆弧的两端点，拖动鼠标即可标注圆弧的弧长，如图 2-87b 所示。

（3）标注圆弧弦长

选择圆弧的两端点，拖动鼠标即可标注圆弧的弦长，如图 2-87c 所示。

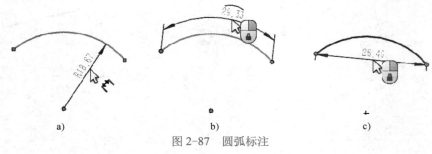

a)   b)   c)

图 2-87　圆弧标注

a) 标注半径　b) 标注弧长　c) 标注弦长

4. 标注圆

选择圆，拖动鼠标到不同位置，可以标注出图 2-88 所示的几种直径形式。

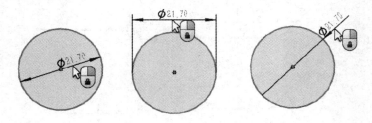

图 2-88　圆的标注

5. 标注中心距及同心圆半径差

选择两个不同心圆，可以标注出图 2-89 所示的中心距尺寸。

选择两个同心圆，可以标注出图 2-90 所示的同心圆半径差。

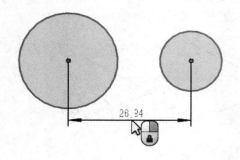

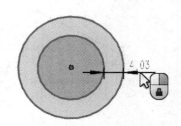

图 2-89　标注中心距　　　　　　　　　　　图 2-90　标注同心圆半径差

6. 其他常用尺寸标注方式

除了智能尺寸外，常用尺寸标注样式有基准尺寸、链尺寸、对称线性直径尺寸、尺寸链等形式，如图 2-91 和图 2-92 所示。

2.4.2　编辑修改尺寸

1. 修改尺寸值

在创建尺寸时，会弹出"修改"对话框，如图 2-93 所示。对话框内显示的是当前测量尺寸，可直接输入正确的尺寸来调整尺寸值的大小。

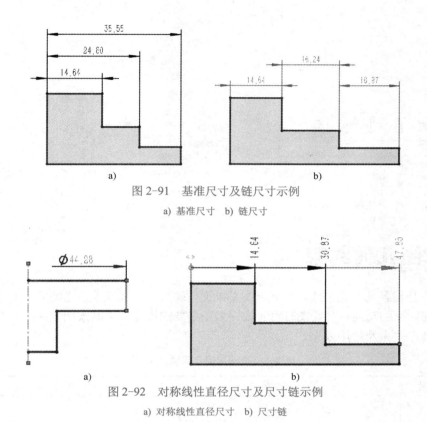

图 2-91　基准尺寸及链尺寸示例

a) 基准尺寸　b) 链尺寸

图 2-92　对称线性直径尺寸及尺寸链示例

a) 对称线性直径尺寸　b) 尺寸链

尺寸标注完成后，双击尺寸值，也会弹出"修改"对话框，输入新的尺寸就可以改变尺寸值。"修改"对话框中各选项的含义如下。

● ✔ 保存当前的数值并退出此对话框。

● ✕ 恢复原始值并退出对话框。

● ⬛ 以当前尺寸值重建模型。

● ↗ 反转尺寸方向。

● ⬆ 改变选值框的增量值。

● ▦ 标记输入工程图的尺寸。

2. 尺寸属性的调整

选择标注好的尺寸，会出现一系列的控标，移动这些控标会改变尺寸标注的结果：单击尺寸箭头处的控标，会切换箭头的方向；按住尺寸界线端点处的控标并拖动会改变尺寸标注的对象；按住尺寸值并拖动会改变尺寸的放置位置。

在弹出"修改"对话框时，同时会显示"尺寸"属性对话框，如图 2-94 所示，在对话框内可以修改尺寸样式、公差/精度、尺寸文字以及添加常用符号等。

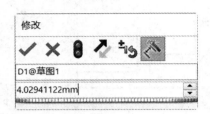

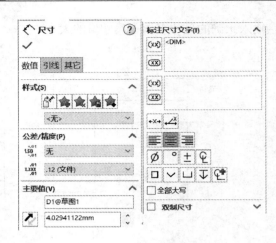

图 2-93 "修改"对话框　　　　　　图 2-94 "尺寸"属性对话框

2.5　草图几何约束

几何约束是指各几何元素或几何元素与基准面、轴线、边线或端点之间的相对位置关系。掌握好草图几何约束的功能，在绘图时可省去许多不必要的操作，提高绘图效率。表 2-2 详细地列出了常用的几何关系及使用效果。

表 2-2　草图常用几何约束关系

按钮	名称	要选择的实体	使用效果
──	水平	一条或多条直线，两个或多个点	直线（点）水平
│	竖直	一条或多条直线，两个或多个点	直线（点）竖直
／	共线	两条或多条直线	使直线处于同一条直线上
⊥	垂直	两条直线	使直线相互垂直
∖∖	平行	两条或多条直线	使直线相互平行
=	相等	两条（或多条）直线（或圆弧）	使它们所有尺寸相等
⊙	相切	直线（或其他曲线）和圆弧（或椭圆弧等其他曲线）	使它们相切
／	中点	一条直线（或圆弧等其他曲线）和一个点	使点位于其中心
⋌	重合	一条直线（或圆弧等其他曲线）和一个点	使点位于直线（或圆弧等其他曲线）上
⌖	固定	任何草图几何体	使草图几何体尺寸和位置保持固定，不可更改
⋁	合并	两个点	使两个点合并为一个点
✕	交叉点	两条直线和一个点	使点位于两条直线的交叉点上

（续）

按钮	名称	要选择的实体	使用效果
⟲	全等	两段（或多段）圆弧	使它们共用相同的圆心和半径
◎	同心	两个（或多个）圆（或圆弧）	使它们的圆心处于同一点
⊠	对称	两个点（或线或圆或其他曲线）和一条中心线	使草图几何体保持中心线对称

2.5.1 自动添加几何关系

自动添加几何关系是指在绘图过程中，系统会根据几何元素的相对位置，自动赋予几何意义，不需要另行添加几何关系。例如，在绘制一条水平直线时，系统就会将"水平"的几何关系自动添加给该直线。

自动添加几何关系的方法有两种。

● 选择"工具"→"草图设置"→"自动添加几何关系"命令，如图 2-95 所示。
● 单击快捷菜单中的"选项"按钮，弹出"系统选项"对话框，选择"几何关系/捕捉"选项，然后选中"自动几何关系"复选框，如图 2-96 所示。

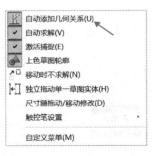

图 2-95　选择"自动添加几何关系"命令　　　　图 2-96　选中"自动几何关系"复选框

2.5.2 手动添加几何关系

在绘图区选择需要设定几何关系的几何实体，几何实体之间可能出现的几何约束关系出现在"属性"属性对话框中，如图 2-97 所示。从该对话框中选择需要设定的几何关系，在"现有几何关系"列表中显示添加的几何关系。除了直接选取几何实体以外，还可以使用下列方式添加几何关系。

1）单击"草图"面板中"添加几何关系"按钮 ⊥，或选择"工具"→"几何关系"→"添加"命令。

2）在草图中拾取要添加几何关系的实体。

3）拾取完实体后，在属性管理器窗口弹出"添加几何关系"属性对话框，如图 2-98 所示。

其中，"现有几何关系"选项表示在未加关系之前几何实体间存在的几何关系，同时在信息栏显示所选实体的状态。

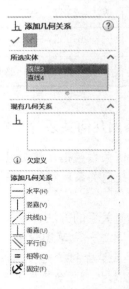

图 2-97 "属性"属性对话框   图 2-98 "添加几何关系"属性对话框

4）"添加几何关系"选项组中列出了所能添加的几何关系，选择完要添加的几何关系后，单击 ✅ "确定"按钮，完成添加几何关系操作。

草图几何关系有很多类型。根据所选草图元素的不同，能够添加的几何关系类型也不同。可以选择实体本身，也可以选择端点，甚至还可以选择多种实体的组合。SolidWorks 会根据用户选择草图元素的类型，自动筛选可以添加的几何关系种类。

"显示/删除几何关系"命令用来显示应用到草图中的几何关系，或删除不再需要的几何关系。在"草图"面板中单击"显示/删除几何关系"按钮 ↓⊸ ，打开"显示/删除几何关系"属性对话框，其中显示了草图中所有的几何约束，如图 2-99 所示。选择列表中的几何约束项，绘图区中对应的草图实体会亮显。在下拉列表框中选择"所选实体"时，在绘图区中选择几何实体，与之相关的几何约束显示在下方的列表框中。单击"删除"或"删除所有"按钮，可以删除选中的或列表框中所有的几何关系。选中"压缩"复选框可以临时关闭几何约束，使之失效。

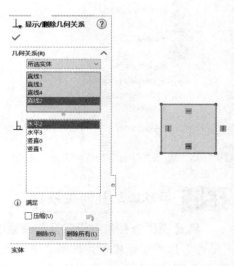

图 2-99 "显示/删除几何关系"属性对话框

📖 提示：SolidWorks 草图中的几何关系可以与删除几何实体一样，在图形区选中几何关系图标后删除。

2.6 综合实例：平板草图的绘制

图 2-100 所示是某平板草图，结构比较简单，是对称零件。从新建平板的草图开始绘制，逐步熟悉 SolidWorks 的草图绘制工具。操作过程中注意鼠标指针的变化和属性管理器的提示，同时也可尝试用不同的绘图工具来完成草图的绘制。

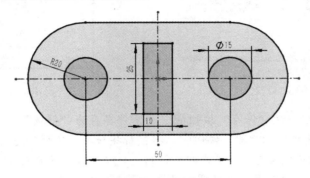

图 2-100 平板草图

1）单击快捷工具栏中的"新建"按钮，系统弹出"新建 SolidWorks 文件"对话框，单击"零件"图标，再单击"确定"按钮，进入 SolidWorks 2022 的零件工作界面。

2）单击"草图"面板中的"草图绘制"按钮，系统的属性管理器会弹出图 2-101 所示的"编辑草图"属性对话框，在绘图区会出现 3 个基本基准面的提示。单击"上视基准面"，表明在上视基准面上绘制草图。

3）单击"草图"面板中的"中心矩形"按钮⬚，将鼠标指针移动到草图坐标原点，单击并拖动鼠标以生成矩形，如图 2-102 所示，在移动鼠标指针时，鼠标指针处会显示该矩形的尺寸。单击完成矩形的绘制。

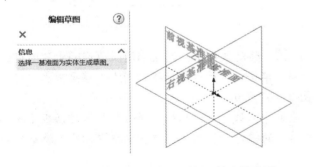

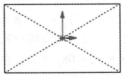

图 2-101 "编辑草图"属性对话框及基本基准面   图 2-102 绘制矩形

📖 说明：当用户在创建草图时，鼠标指针可动态改变，以提供草图实体的类型数据或指针相对于其他草图实体的距离数据，帮助用户方便快捷地确定草图形体的几何关系。

4）单击"草图"面板中的"智能尺寸"按钮☒，单击矩形的顶边，然后单击放置尺寸的位置，系统弹出图 2-103 所示的"修改"对话框，在文本框中输入"50"，单击"确定"按钮，草图根据新输入的尺寸更改大小。同理，将矩形的右侧边尺寸改为"40mm"，如图 2-104 所示。

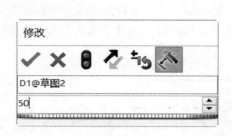

图 2-103 "修改"对话框

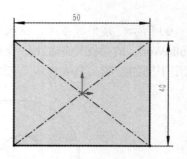

图 2-104 修改矩形尺寸

5）单击标准工具栏中的"保存"按钮 💾，将零件保存为"平板"。

6）单击"草图"面板中的"圆"按钮 ⊙，将鼠标指针移到矩形侧边的中点，单击确定圆心，然后拖动鼠标到矩形的角点位置，再单击即可绘制一个以侧边中点为圆心并和矩形上下两边相切的圆，利用相同的方式，绘制另一侧的圆，结果如图 2-105 所示。

7）单击"草图"面板中的"剪裁实体"按钮 ✂，选择"强劲剪裁"方式，按住鼠标左键移动，轨迹如图 2-106 所示，即可剪裁掉多余的图线。

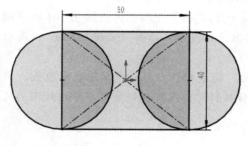

图 2-105 绘制圆

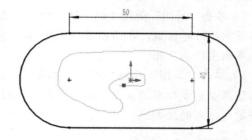

图 2-106 强劲剪裁

8）单击"草图"面板中的"中心线"按钮 ✎，移动鼠标指针到左侧圆弧边线的中点附近，此时出现中点捕捉提示，将鼠标指针稍向左平移并单击，然后将鼠标指针向右平移画出水平对称线；用同样的方式画出竖直对称线，结果如图 2-107 所示。

9）按住〈Ctrl〉键，依次选择两圆弧及竖直的中心线，在弹出的"属性"属性对话框中添加"对称"的几何关系，如图 2-108 所示；重复前面的操作，将两水平线和水平中心线也添加"对称"的几何关系。

10）单击"草图"面板中的"圆"按钮 ⊙，移动鼠标指针到水平对称线左侧，捕捉圆弧的圆心作为圆心绘制一个小圆，将尺寸约束为 φ15，如图 2-109 所示。用相同的方法在右侧也绘制一个小圆，或者用"镜像实体"命令，选择已绘制小圆为要镜像的实体，选择竖直中心线为镜像轴，镜像生成另一侧小圆，结果如图 2-110 所示。

11）单击"草图"面板中的"中心矩形"按钮 ▣，将鼠标指针移到草图坐标原点，单击并移动鼠标指针以生成矩形，标注水平尺寸为 10，竖直尺寸为 25，最终结果如图 2-100 所示。

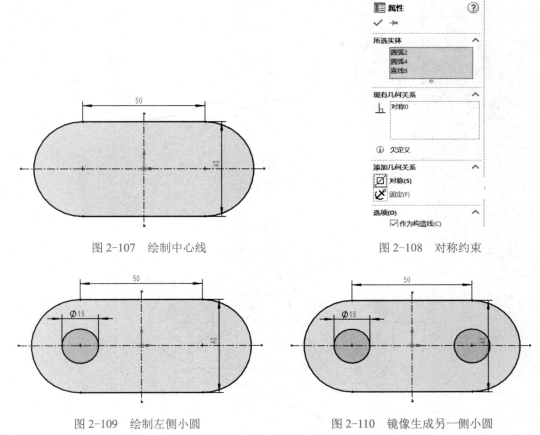

图 2-107　绘制中心线　　　　　　　　　　图 2-108　对称约束

图 2-109　绘制左侧小圆　　　　　　　图 2-110　镜像生成另一侧小圆

剪裁命令可能会导致原图形的尺寸约束和几何约束失效,如果后续要添加其他尺寸和几何约束,可能会影响图形的准确性,所以使用剪裁命令以后,应及时添加必要约束。

扩展:吊钩草图
的绘制

2.7　课后练习

绘制图 2-111~图 2-114 所示的草图。

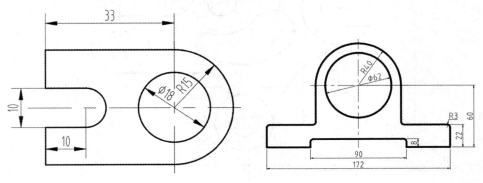

图 2-111　草图练习 1

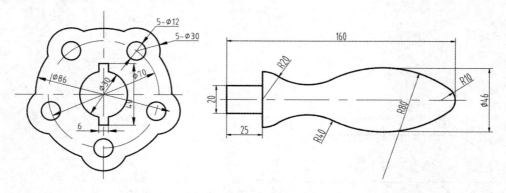

图 2-112　草图练习 2

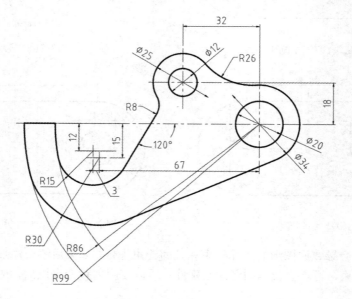

图 2-113　草图练习 3

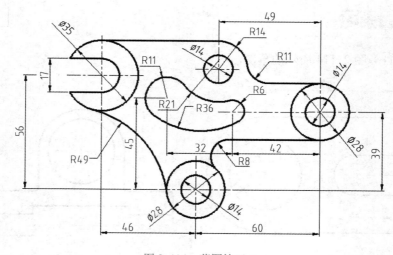

图 2-114　草图练习 4

第3章　基础特征建模

零件造型是进行产品设计的基础，基础特征是创建零件造型的基础。本章将介绍创建基础特征的各种常用命令，为后面创建复杂零件特征做准备。

本章重点：
- 基础特征建模的常用命令
- 参考几何体的应用

3.1　零件特征造型概述

机器或部件都是由若干零件按一定的装配关系和技术要求装配起来的，零件是构成机器或部件的最小单元。零件的结构和形状千姿百态，但常用零件大致可以分为4类，分别是轴套类、盘盖类、支架类和箱体类零件，如图3-1所示。

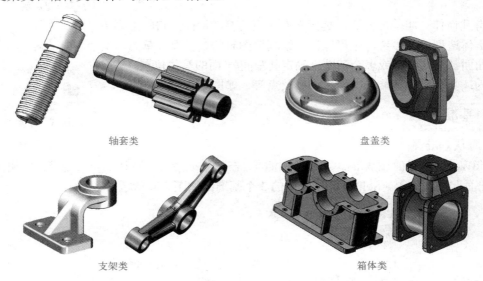

轴套类　　　　　　　　　　　　　　　盘盖类

支架类　　　　　　　　　　　箱体类

图3-1　常见零件

一个复杂的零件是由若干基本形体按照一定方式组合而成的，在SolidWorks中创建一个完整的零件所应用的命令大致可以分为3类。

1. 基础特征

完成最基本的三维几何造型任务，用于构建基本空间实体。基本特征通常要求先草绘出特征的一个或多个截面，然后根据某种形式生成基本特征。基础特征创建命令包括拉伸、旋转、扫描、放样等方式。

2．附加特征

对基础特征的局部进行细化操作，其几何形状是确定的，构建时只需要提供附加特征的放置位置和尺寸即可，例如，抽壳、倒角、筋等。

3．特征编辑

针对基础特征和附加特征的编辑修改，如阵列、复制、移动等。

本章利用基础特征的建模为例来讲授 SolidWorks 2022 主要的建模命令。

基础特征包括柱、锥、台、球、环等，如图 3-2 所示。

图 3-2　基础特征

3.2　参考几何体

参考几何体也叫基准特征，是指零件建模的参考特征，它的主要用途是为实体造型提供参考，也可以作为绘制草图时的参考面。草图、实体以及曲面都需要一个或多个基准来确定其空间/平面的具体位置。基准可以分为：基准面、基准轴、坐标系以及点等，如图 3-3 所示。

基准面	
基准轴	
坐标系	
点	
质心	
边界框	
配合参考	

图 3-3　参考几何体

3.2.1　基准面

1．默认基准面

SolidWorks 自带前视基准面、上视基准面、右视基准面 3 个默认的正交基准面，用户可在这 3 个基准面上绘制草图。SolidWorks 默认的 3 个基准面如图 3-4 所示。

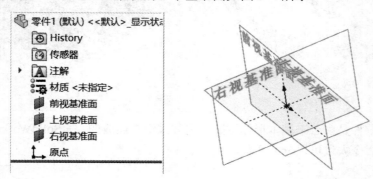

图 3-4　默认基准面

2．新建基准面

新建"基准面"的操作步骤如下。

单击"特征"面板上"参考几何体"中的"基准面"按钮 ![]，或选择"插入"→"参考几何体"→"基准面"命令，弹出"基准面"属性对话框，选择不同的参考以后，在每一个参考的选项组中会出现不同的选项，如图 3-5 所示。SolidWorks 可以根据不同的参考智能地生成相应的基准面。基准面状态必须是完全定义，才能生成基准面。

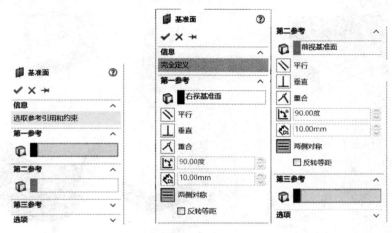

图 3-5 "基准面"属性对话框

（1）第一参考

选择第一参考来定义基准面。根据选择，系统会显示其他约束类型。表 3-1 列出了常用的约束类型。

表 3-1 常用的约束类型

约束类型	按钮	说　明
平行	⫽	生成一个与选定基准面平行的基准面。例如，为一个参考选择一个面，为另一个参考选择一个点，软件会生成一个与这个面平行并与这个点重合的基准面
垂直	⊥	生成一个与选定参考垂直的基准面。例如，为一个参考选择一条边线或曲线，为另一个参考选择一个点或顶点，软件会生成一个与穿过这个点的曲线垂直的基准面。将原点设在曲线上会将基准面的原点放在曲线上，如果不选中此选项，原点就会位于顶点或点上
重合	⋏	生成一个穿过选定参考的基准面
投影	🔄	将单个对象（如点、顶点、原点或坐标系）投影到空间曲面上
平行于屏幕	🔲	在平行于当前视图定向的选定顶点创建平面
相切	⟲	生成一个与圆柱面、圆锥面、非圆柱面以及空间面相切的基准面
两面夹角	⟋ᴬ	生成一个基准面，它通过一条边线、轴线或草图线，并与一个圆柱面或基准面形成一定角度。可以指定要生成的基准面数 □#ᵖ
偏移距离	⟱ᴅ¹	生成一个与某个基准面或面平行，并偏移指定距离的基准面。可以指定要生成的基准面数 □#ᵖ
反转法线	⬍	翻转基准面的正交向量
两侧对称	☰	在平面、参考基准面以及 3D 草图基准面之间生成一个两侧对称的基准面。对两个参考都选择两侧对称

（2）第二参考和第三参考

这两个参考中包含与第一参考相同的选项，具体情况取决于第一参考的选择和模型几何体。

根据需要设置这两个参考来生成所需的基准面。

在 SolidWorks 2022 中，新建基准面的方式十分丰富，可以说，只要理论上能够生成的基准面，都可以创建。图 3-6 列出了几种常用基准面的创建方法。

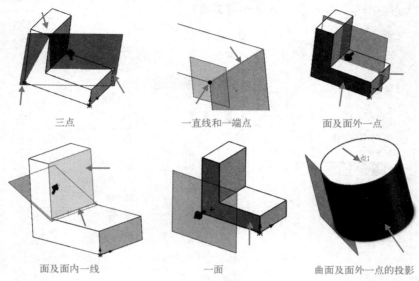

三点　　　　　　　　　一直线和一端点　　　　　　　面及面外一点

面及面内一线　　　　　　　　　一面　　　　　　　曲面及面外一点的投影

图 3-6　常见基准面的创建方法

3.2.2　基准轴

基准轴常用于创建特征的基准，在创建基准面、圆周阵列或同轴装配中使用基准轴。

1．临时轴

每一个回转体都有一条默认轴线，称为临时轴。

选择"视图"→"隐藏/显示"→"临时轴"命令，或者单击前导视图工具栏中"隐藏/显示"选项下的"临时轴"命令，可以设置默认基准轴的显示或者隐藏，如图 3-7 所示。图 3-8 为临时轴示例。

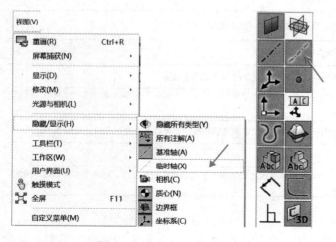

图 3-7　隐藏/显示临时轴

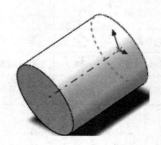

图 3-8　临时轴示例

2. 新建基准轴

除了自带的临时轴，用户还可以自己创建基准轴。

单击"特征"面板上"参考几何体"中的"基准轴"按钮 ，或选择"插入"→"参考几何体"→"基准轴"命令，弹出"基准轴"属性对话框，如图 3-9 所示，可以用多种方式创建基准轴，表 3-2 列出了常用新建基准轴的方法。

图 3-9 "基准轴"属性对话框

表 3-2 常用新建基准轴的方法

按钮	名称	说　　　明
	参考实体	显示所选实体
	一直线/边线/轴	选择一草图直线、边线，或选择"视图"→"隐藏/显示"→"临时轴"命令，然后选择所显示的轴
	两平面	选择两个平面，或选择"视图"→"隐藏/显示"→"基准面"命令，然后选择两个平面
	两点/顶点	选择两个顶点、点或中点
	圆柱/圆锥面	选择一圆柱或圆锥面
	点和面/基准面	选择一曲面或基准面及顶点或中点，所产生的轴通过所选顶点、点，或中点而垂直于所选曲面或基准面。如果曲面为非平面，点必须位于曲面上

3.2.3 坐标系

一般 SolidWorks 中的默认坐标系即可满足大多数要求，但是当需要和其他 CAD 软件进行交互时，或者进行 NC 处理及应用测量、质量属性等工具时，就需要用到新建坐标系。

单击"特征"面板上"参考几何体"中的"坐标系"按钮 ，或选择"插入"→"参考几何体"→"坐标系"命令，出现"坐标系"属性对话框，如图 3-10 所示，可以分别选择坐标原点以及几个坐标轴的方向，即可生成新的坐标系。图 3-11 为新建坐标系示例。

3.2.4 基准点

基准点用于绘制草图或者三维造型时作为定位参考。

单击"特征"面板上"参考几何体"中的"点"按钮 ，或选择"插入"→"参考几何体"→"点"命令，出现"点"属性对话框，如图 3-12 所示。定义基准点主要有以下几种方式。

● 圆弧中心：选择圆弧，以其圆心作为基准点。

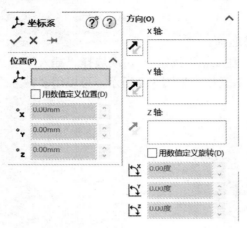

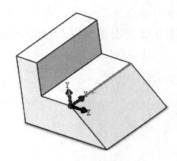

图 3-10 "坐标系"属性对话框   图 3-11   新建坐标系示例

● 面中心：选择平面，以其中心作为基准点。
● 交叉点：选择两条线，以其交点作为基准点。
● 投影：选择一点和一面，以点在面上的投影作为基准点。
表 3-3 所示为创建基准点的方法。

图 3-12 "点"属性对话框

表 3-3   创建基准点的方法

按钮	名称	说　明
	参考实体	显示用来生成参考点的所选实体。可在下列实体的交点处创建参考点：①轴和平面；②轴和曲面，包括平面和非平面；③两个轴
	圆弧中心	在所选圆弧或圆的中心生成参考点
	面中心	在所选面的质量中心生成参考点，可选择平面或非平面
	交叉点	在两个所选实体的交点处生成一参考点。可选择边线、曲线及草图线段
	投影	生成从一个实体投影到另一实体的参考点
	在点上	可以在草图点和草图区域末端上生成参考点
	沿曲线距离或多个参考点	沿边线、曲线，或草图线段生成一组参考点

3.3 实体拉伸特征

实体拉伸特征是将一个截面沿着与截面垂直的方向延伸，进而形成实体的造型方法。拉伸特征适合创建比较规则的实体。拉伸特征是最基本和常用的特征造型方法，而且操作比较简单，工业生产中的多数零件模型，都可以看作是多个拉伸特征相互叠加或切除的结果。

在 SolidWorks 中，实体拉伸特征包括"拉伸凸台/基体"命令和"拉伸切除"命令。

3.3.1 拉伸凸台/基体

单击"特征"面板上的"拉伸凸台/基体"按钮，或选择"插入"→"凸台/基体"→"拉伸"命令，即可执行"拉伸凸台/基体"命令。

执行"拉伸凸台/基体"命令后，可以打开图 3-13 所示的"拉伸"属性对话框，选择一个基本平面，绘制草图，退出草图后会弹出图 3-14 所示的"凸台-拉伸"属性对话框。

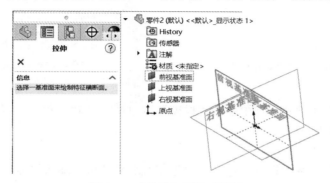

图 3-13 "拉伸"属性对话框

在"凸台-拉伸"属性对话框中，系统提供了多种方式来定义实体的拉伸长度，如图 3-15 所示。

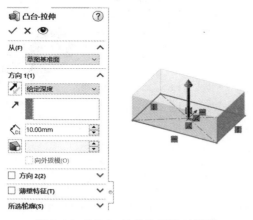

图 3-14 "凸台-拉伸"属性对话框

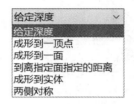

图 3-15 拉伸方式

1. 给定深度

（1）单向拉伸

在"凸台-拉伸"属性对话框直接指定拉伸特征"方向 1"的拉伸长度，既可以在对话框中输入拉伸距离，也可以移动鼠标指针指定距离，如图 3-16 所示。单向拉伸是最常用的拉伸方式。

（2）双向拉伸

在"凸台-拉伸"属性对话框中选中"方向 2"并指定距离，可以进行双向拉伸，如图 3-17 所示。

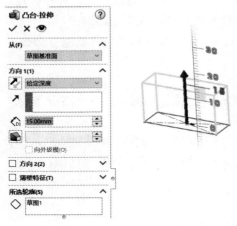

图 3-16　单向设定拉伸距离

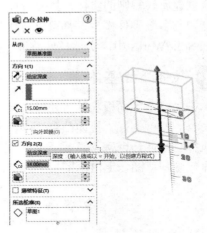

图 3-17　双向设定拉伸距离

（3）拔模拉伸

在"凸台-拉伸"属性对话框中单击"拔模"按钮，并输入角度，可以在拉伸的同时给定拔模斜度，如图 3-18 所示。

（4）薄壁拉伸

在"凸台-拉伸"属性对话框中选中"薄壁特征"复选框，输入厚度值，可以拉伸生成薄壁实体，如图 3-19 所示。

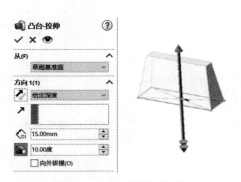

图 3-18　增加拔模斜度拉伸

图 3-19　增加薄壁特征拉伸

2．成形到一顶点

拉伸特征延伸至一个顶点位置，如图 3-20 所示。

3．成形到一面

拉伸特征沿拉伸方向延伸至指定的零件表面或一个基准面，如图 3-21 所示。

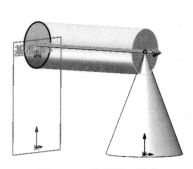

图 3-20　成形到一顶点

图 3-21　成形到一面

4．成形到实体

该方式和"成形到一面"类似，区别是选择目标对象为实体而不是面。

5．两侧对称

拉伸特征以草绘平面为中心向两侧对称拉伸，如图 3-22 所示，拉伸长度两侧均分，输入的深度是拉伸的总的深度。

6．成形到下一面

拉伸特征沿拉伸方向延伸至下一表面，与"成形到一面"的区别是不用选择面。

7．到离指定面指定的距离

拉伸特征延伸至距一个指定平面一定距离的位置，如图 3-23 所示。指定距离以指定平面为基准。

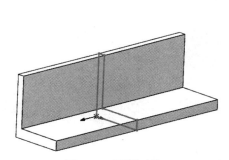

图 3-22　两侧对称

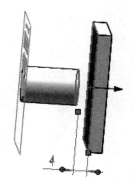

图 3-23　到离指定面指定的距离

8．完全贯穿

拉伸特征沿拉伸方向穿越已有的所有特征，图 3-24 所示是完全贯穿的拉伸特征。

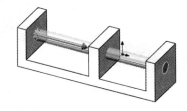

图 3-24　完全贯穿的拉伸特征

📖 有的拉伸方式需在符合条件的情况下才会显示，如"完全贯穿""成形到下一面"等。

3.3.2 拉伸切除

单击"特征"面板上的"拉伸切除"按钮📵，或选择"插入"→"切除"→"拉伸"命令，即可执行"拉伸切除"操作。

"切除-拉伸"属性对话框如图 3-25 所示，该对话框中的选项和"拉伸凸台/基体"命令类似，同样可以一侧或两侧拉伸，如图 3-26 所示，可以生成拔模斜度、薄壁等结构，这里不再赘述。

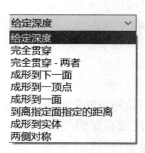

图 3-25 "切除-拉伸"属性对话框　　　　　图 3-26 拉伸切除类型

图 3-27 列出了几种按不同切除拉伸方式生成的拉伸切除特征。

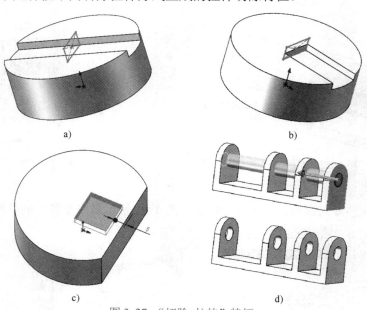

图 3-27 "切除-拉伸"特征

a) 两侧对称　b) 成形到一面　c) 到离指定面指定的距离　d) 完全贯穿

3.3.3 实例：连接块

绘制图 3-28 所示的连接块，尺寸参考步骤中的数值。

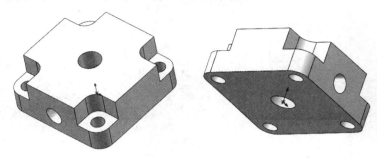

图 3-28　连接块

1）单击"新建"按钮 ⬚▾，选择零件模块。

2）选择"上视基准面"作为绘图平面，绘制图 3-29 所示草图。单击绘图区右上角"确认角"中的"草图"按钮 ⎿⤵，退出草图。

3）单击"特征"面板上"拉伸凸台/基体"按钮 ▣，打开"凸台-拉伸"属性对话框，"深度"设定为 20，单击"确定"按钮 ✓，生成图 3-30 所示的实体。

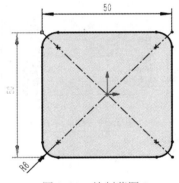

图 3-29　绘制草图 1

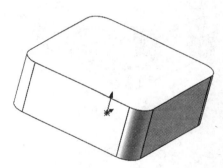

图 3-30　拉伸实体

4）选择顶面作为绘图平面，选择"草图"命令，使用"矩形""圆角""镜像实体"等命令，绘制图 3-31 所示草图。单击绘图区右上角"确认角"中的"草图"按钮 ⎿⤵，退出草图。

5）选中草图 2，单击"特征"面板上"拉伸切除"按钮 ▣，弹出图 3-32 所示的"切除-拉伸"属性对话框，在"方向 1"中选择"给定深度"，深度设定为"10"，单击"确定"按钮 ✓，生成图 3-33 所示的实体。

6）选择图 3-33 所示箭头所指表面作为绘制草图的平面，绘制图 3-34 所示草图，4 个小圆通过与圆角同心来定位。单击绘图区右上角"确认角"中的草图按钮 ⎿⤵，退出草图。

7）选择"特征"面板上"拉伸切除"按钮 ▣，在打开的"切除-拉伸"属性对话框的"方向 1"中选择"贯穿全部"，单击"确定"按钮 ✓，生成图 3-35 所示的实体。

8）选择前视基准面绘制草图，绘制图 3-36 所示草图。单击绘图区右上角"确认角"中的"草图"按钮 ⎿⤵，退出草图。单击"特征"面板上"拉伸凸台/基体"按钮 ▣，在打开的"凸台-拉伸"

属性对话框的"方向1"中选择"完全贯穿","方向2"中也选择"完全贯穿",单击"确定"按钮✓,生成图3-37所示的实体。

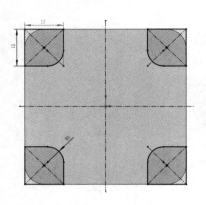

图3-31　绘制草图2

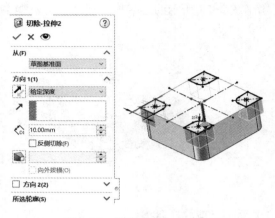

图3-32　给定深度为"10mm"

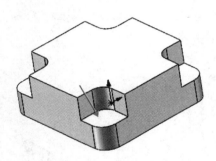

图3-33　切除拉伸

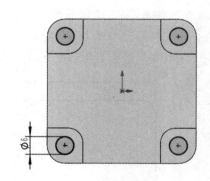

图3-34　绘制草图3

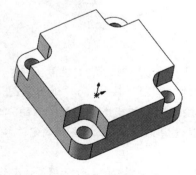

图3-35　生成四个小孔

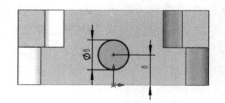

图3-36　绘制草图4

9）选择顶面作为基准面绘制草图,绘制图3-38所示草图。单击绘图区右上角"确认角"中的"草图"按钮↪,退出草图。单击"特征"面板上"拉伸凸台/基体"按钮🗔,在打开的"凸台-拉伸"属性对话框的"方向1"中选择"完全贯穿",单击"确定"按钮✓,即可完成图3-28所示的连接块实体。

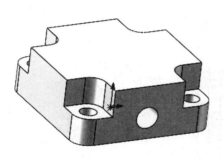

图 3-37　生成横孔

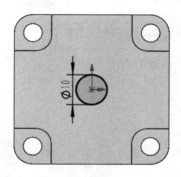

图 3-38　绘制草图 5

3.4　实体旋转特征

实体旋转特征主要用来创建具有回转性质的特征。旋转特征的草图中包含一条中心线，草图轮廓以该中心线为轴旋转，即可建立旋转特征。另外，也可以选择草图中的草图直线作为旋转轴建立旋转特征。轮廓不能与中心线交叉。如果草图包含一条以上中心线，应选择想要用作旋转轴的中心线。

在 SolidWorks 中，实体旋转特征包括"旋转凸台/基体"命令和"旋转切除"命令。

3.4.1　旋转凸台/基体

旋转凸台/基体特征是指将草图截面绕指定的旋转中心线旋转一定的角度后所创建的实体特征。

首先绘制一草图，包含一个或多个轮廓和一条中心线、直线，或边线作为特征旋转所绕的轴。

单击"特征"面板上的"旋转凸台/基体"按钮 ，或选择"插入"→"凸台/基体"→"旋转"命令，出现"旋转"属性对话框，如图 3-39 所示。"旋转"属性对话框中，提供了多种方式来定义实体的旋转尺寸，如图 3-40 所示，比较常用的是"给定深度"选项，在该选项下，给定旋转的角度即可。其他选项和实体拉伸特征命令类似，这里不再赘述。设定好相关选项后，单击"确定"按钮 ，即可完成旋转-凸台/基体特征的创建。

📖 实体旋转特征的草图中要有中心线才可以自动完成旋转，否则要手动指定旋转轴。

图 3-39　"旋转"属性对话框

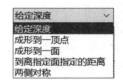

图 3-40　旋转尺寸类型

3.4.2 实例：回转手柄

绘制图 3-41 所示回转手柄。

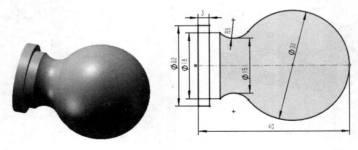

图 3-41 回转手柄

在 SolidWorks 的旋转凸台/基体特征中，草图的绘制应满足旋转不能产生自交，因此该实例的草图需要根据给定的工程图进行改造。

1）单击"新建"按钮 ，选择零件模块。

2）选择前视基准面作为绘图平面，使用"直线"命令、"圆形"命令和"圆弧"命令绘制草图，如图 3-42 所示。

3）使用"剪裁实体"命令、尺寸约束和几何约束，修剪多余图线，使得草图成为一个单一封闭的轮廓，如图 3-43 所示，单击绘图区右上角"确认角"中的"草图"按钮 ，退出草图。

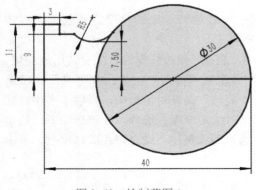

图 3-42 绘制草图 1

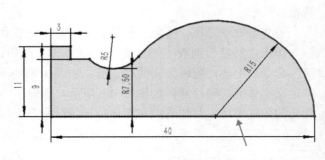

图 3-43 绘制草图 2

4）单击"旋转凸台/基体"按钮 ，弹出图 3-44 所示的"旋转"属性对话框，选择图 3-43 中箭头所指直线为旋转轴，单击"确定"按钮 ，即可生成图 3-41 所示的回转手柄。

3.4.3 旋转切除

旋转切除特征是指将草绘截面绕指定的旋转中心线旋转一定的角度后所创建的去除材料的实体特征。

在已经有实体特征的基础上，绘制一草图，包含一个或多个轮廓和一条中心线、直线，或边线以作为特征旋转所绕的轴。

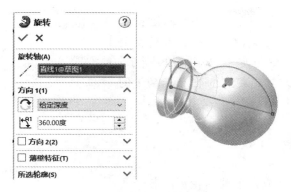

图 3-44　"旋转"属性对话框

单击"特征"面板上的"旋转切除"按钮⑰，或选择"插入"→"切除"→"旋转"命令，出现"切除-旋转"属性对话框，该对话框和"旋转"属性对话框类似，这里不再赘述。设定好相关选项后，单击"确定"按钮✓，即可完成旋转切除特征的生成。

3.4.4　实例：螺栓头

绘制图 3-45 所示带倒角的螺栓头，尺寸参考步骤中。

1）单击"新建"按钮▥▾，选择零件模块。

2）选择上视基准面作为绘图平面，使用"多边形"命令绘制如图 3-46 所示的草图；单击绘图区右上角"确认角"中的"草图"按钮↪，退出草图。

图 3-45　带倒角的螺栓头

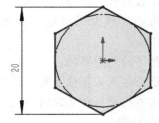

图 3-46　绘制草图

3）单击"特征"面板的"拉伸凸台/基体"按钮⑩，在"凸台-拉伸"属性对话框的"方向 1"中选择"给定深度"，深度设置为"8"，单击"确定"按钮✓，生成图 3-47 所示的螺栓头主体。

4）选择右视基准面作为绘图平面，绘制如图 3-48 所示的草图，注意绘制中心线；单击绘图区右上角"确认角"中的"草图"按钮↪，退出草图。

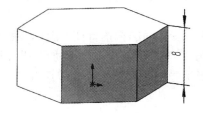

图 3-47　拉伸生成螺栓头主体

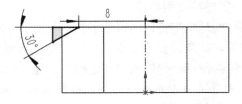

图 3-48　绘制倒角草图

5）单击"特征"面板上"旋转切除"按钮，系统弹出"切除-旋转"属性对话框，选择旋转类型为"给定深度"，角度为"360度"，如图 3-49 所示，单击"确定"按钮，即可完成图 3-45 所示的带倒角的螺栓头实体造型。

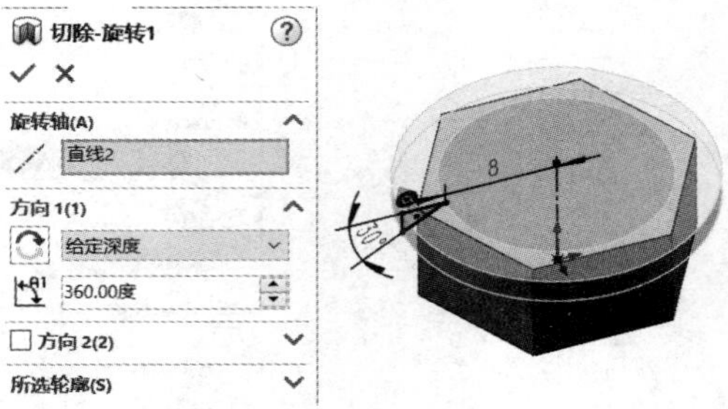

图 3-49 "切除-旋转"属性对话框

3.5 基体扫描

基体扫描特征是一个或几个截面轮廓沿着一条或多条路径扫掠成实体或切除实体，常用于建构变化较多且不规则的模型。为了使扫描的模型更具多样性，通常会加入一条甚至多条引导线以控制其外形。

在 SolidWorks 中，基体扫描特征包括"扫描凸台/基体"命令和"扫描切除"命令，以及增加引导线的扫描命令。

3.5.1 扫描特征的要素

建立扫描特征，必须同时具备扫描路径和扫描截面轮廓，当扫描特征的中间截面要求变化时，应定义扫描特征的引导线。

1. 扫描路径

扫描路径描述了轮廓运动的轨迹，有下面几个特点。

● 扫描特征只能有一条扫描路径。
● 可以使用已有模型的边线或曲线，也可以是草图中包含的一组草图曲线，还可以是曲线特征。
● 可以是开环的或闭环的。
● 扫描路径的起点必须位于轮廓的基准面上。
● 扫描路径不能有自相交叉的情况。

2. 扫描截面轮廓

使用草图定义扫描特征的截面，对草图有下面几点要求。

● 基体或凸台扫描特征的轮廓应为闭环，曲面扫描特征的轮廓可为开环或闭环，都不能有自相交叉的情况。
● 草图可以是嵌套或分离的，但不能违背零件和特征的定义。
● 扫描截面的轮廓尺寸不能过大，否则可能导致扫描特征的交叉情况。

3. 扫描特征引导线

引导线是扫描特征的可选参数。利用引导线，可以建立变截面的扫描特征。由于截面是沿路径扫描的，如果需要建立变截面扫描特征（轮廓按一定方法产生变化），则需要加入引导线。使用引导线的扫描，扫描的中间轮廓由引导线确定。在使用引导线时需要注意以下几点。

● 引导线可以是草图曲线、模型边线或曲线。
● 引导线必须和截面草图相交于一点。
● 使用引导线的扫描以最短的引导线或扫描路径为准，因此引导线应该比扫描路径短，这样便于对截面的控制。

3.5.2 扫描

扫描特征是指将草绘截面沿着与它不平行的一条路径扫掠后所创建的实体特征。

首先生成轮廓草图和路径草图，截面草图必须是封闭的，路径草图可以是封闭的，也可以是不封闭的。

单击"特征"面板上的"扫描"按钮 🔊，或选择"插入"→"凸台/基体"→"扫描"命令，出现"扫描"属性对话框，如图 3-50 所示。在"扫描"属性对话框中，分别指定"轮廓"和"路径"，设定"轮廓方位"为"随路径变化"，设定好其他相关选项后，单击"确定"按钮 ✓，即可完成扫描特征的创建。图 3-51 为该扫描特征示例。

图 3-50 "扫描"属性对话框

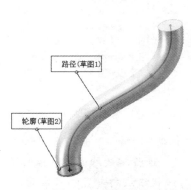

图 3-51 扫描特征示例

3.5.3 实例：螺旋弹簧

绘制图 3-52 所示的螺旋弹簧，尺寸参考步骤中。

1）单击"新建"按钮 ▣▾，选择零件模块。

2）单击"特征"面板上"曲线"命令组中的"螺旋线/涡状线"按钮 🗃，选择上视基准面作为绘图平面，进入草图环境，绘制一个 φ10 的圆，如图 3-53 所示，单击绘图区右上角"确认角"中的"草图"按钮 🔳，退出草图。

图 3-52 螺旋弹簧

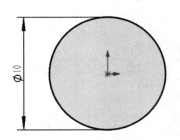

图 3-53 绘制草图 1

3）在"螺旋线/涡状线"属性对话框中设置参数如图 3-54 所示，然后单击"确定"按钮 ✅，生成的螺旋线如图 3-55 所示。

图 3-54　"螺旋线/涡状线"属性对话框

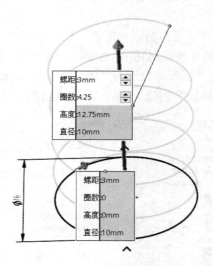

图 3-55　螺旋线

4）单击"特征"面板上"参考几何体"命令组中的"基准面"按钮 ⬛，选择螺旋线作为"第一参考"，选择螺旋线的上顶点作为"第二参考"，如图 3-56 所示，即可生成一个过螺旋线顶点并且与涡状线法向垂直的基准面，如图 3-57 所示。

图 3-56　"基准面"属性对话框

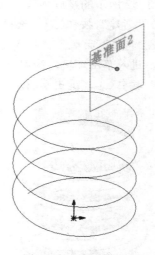

图 3-57　新建基准面

5）在新建基准面上绘制一个草图圆作为扫描截面图形，如图 3-58 所示，单击绘图区右上角
"确认角"中的"草图"按钮，退出草图。结果如图 3-59 所示。

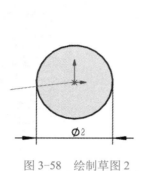

图 3-58　绘制草图 2　　　　　　　　　　图 3-59　截面图形和螺旋线

6）单击"特征"面板上的"扫描"按钮，弹出"扫描"属性对话框，在"轮廓和路径"
选项组选择图 3-59 所示的小圆作为轮廓草图，选择螺旋线作为路径，如图 3-60 所示，其他参数
保持默认值，单击"确定"按钮，即可生成图 3-61 所示的螺旋弹簧实体造型。

图 3-60　"扫描"属性对话框　　　　　　图 3-61　螺旋弹簧

📖 提示：如果草图轮廓是简单的圆形，可以直接在"扫描"属性对话框中选择"圆形轮廓"而
　　不必绘制草图轮廓。

3.5.4　扫描切除

扫描切除特征是指将草绘截面沿着与它不平行的路径扫掠后所创建的实体切除特征。

首先生成轮廓草图和路径草图，截面草图必须是封闭的，路径草图可以是封闭的，也可以是
不封闭的。

单击"特征"面板上的"扫描切除"按钮，或选择"插入"→"切除"→"扫描"命令，
出现"切除-扫描"属性对话框，如图 3-62 所示。在"切除-扫描"属性对话框中，分别指定"轮

廓"和"路径"，设定"轮廓方位"为"随路径变化"，设定好其他相关选项，然后单击"确定"按钮 ✅，即可完成扫描切除特征的创建。图 3-63 所示为扫描切除特征示例。

图 3-62 "切除-扫描"属性对话框

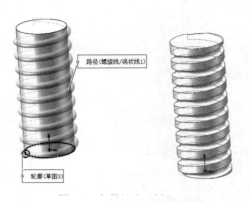

图 3-63 扫描切除特征示例

3.5.5 引导线扫描

在扫描特征中，草图是沿着路径扫描的，可以使用引导线来控制中间的轮廓变化。

在"扫描"命令和"扫描切除"命令对应的属性对话框中，具有"引导线"选项，如图 3-62 所示。关于引导线，需注意以下几点。

● 引导线可以使用一条，也可以使用多条，但不能多于 4 条。

● 如果使用多条引导线，要注意各条引导线之间的斜率，否则容易产生错误。

● 引导线必须与轮廓截面线中的点重合。

● 引导线如果大于路径线的长度，扫描将使用路径线的长度；反之，将使用最短的引导线的长度扫描。

3.5.6 实例：引导线扫描创建吊钩

本实例将尝试使用引导线扫描的方式创建吊钩的造型，后面还会用别的方式来创建吊钩造型，以方便对比不同方式的优缺点。

引导线扫描
创建吊钩

打开吊钩草图文件，如图 3-64 所示，显然该草图不能直接用来扫描造型，需要进行改造。

1）打开草图编辑状态后，使用修剪命令进行适当修剪，如图 3-65 所示。

2）选择前视基准面作为绘图平面，进入草图绘制状态，使用"转换实体引用"命令，在打开的"转换实体引用"属性对话框中，选中"选择链"复选框，然后选择箭头所指曲线，将该曲线链单独转换成为一个草图，如图 3-66 所示，单击绘图区右上角"确认角"中的"草图"按钮 └↳，退出草图。

3）重复上一步操作，将另一侧曲线链转换成一个单独的草图，如图 3-67 所示，并退出草图。

4）打开"特征"面板，在"参考几何体"选项卡中，单击"基准面"按钮 ▦，在弹出的"基准面"属性对话框中，分别选择图 3-68 所示箭头所指两点为第一参考和第二参考，第三参考选择"前视基准面"，单击"确定"按钮 ✅，生成一个与两曲线法向垂直的基准面，如图 3-68 所示。

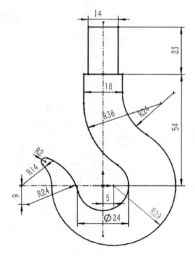

图 3-64 吊钩草图

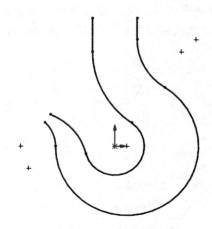

图 3-65 修剪草图

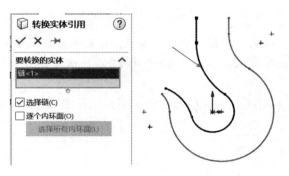

图 3-66 转换左侧曲线链为单独草图

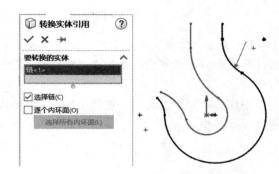

图 3-67 转换右侧曲线链为单独草图

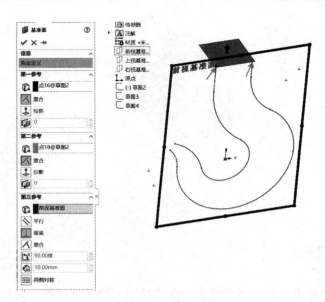

图 3-68 新建基准面

5）选择新建基准面作为绘图平面绘制草图，使用"周边圆"命令，捕捉两曲线端点，绘制图 3-69 所示的圆，使用约束命令约束箭头所指圆心和水平线重合，如图 3-70 所示，单击绘图区右上角"确认角"中的"草图"按钮，退出草图。

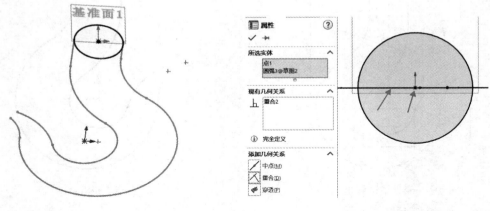

图 3-69　绘制草图圆　　　　　　　　　　　图 3-70　约束圆心和水平线重合

6）单击"特征"面板上的"扫描"按钮，弹出"扫描"属性对话框，分别选择轮廓草图、路径草图和引导线草图，如图 3-71 所示，其他选项默认，单击"确定"按钮，结果如图 3-72 所示。

由图 3-72 可以看出，在箭头所指的吊钩末端并不完美，后面会尝试用其他方法以便能更好地生成此造型。

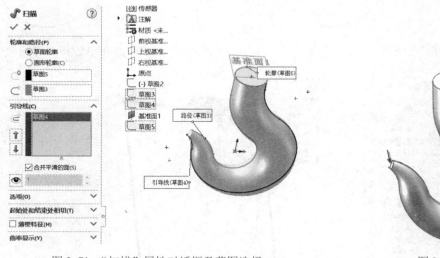
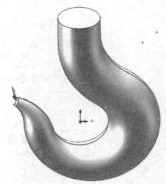

图 3-71　"扫描"属性对话框及草图选择　　　　　　　图 3-72　最终结果

3.6　实体放样

"实体放样"命令是通过拟合多个截面轮廓来构造放样拉伸体的。可以定义多个截面，截面必须是封闭的平面轮廓线，如果定义了引导线，所有截面必须与引导线相交。该类命令一般常用在不需指定路径的场合。

在 SolidWorks 中,"实体放样"命令包括"放样凸台/基体"命令和"放样切割"命令。

3.6.1 放样凸台/基体

"放样凸台/基体"命令与"扫描"命令类似,一般先用草图命令绘制好截面,再执行"放样凸台/基体"命令。

首先绘制好多个截面草图,如果需要引导线,也要绘制好引导线草图。

单击"特征"面板上的"放样凸台/基体"按钮 🔔,或选择"插入"→"凸台/基体"→"放样"命令,出现"放样"属性对话框,如图 3-73 所示。在"放样"属性对话框中,指定所有"轮廓",并设定好其他相关选项,然后单击"确定"按钮 ✅,即可完成放样凸台/基体特征的创建。图 3-74 所示为放样凸台/基体示例。

图 3-73 "放样"属性对话框

图 3-74 放样凸台/基体示例

3.6.2 实例:五角星

绘制图 3-75 所示的五角星,尺寸见步骤中。

1)单击"新建"按钮 🔲,选择零件模块。

2)选择上视基准面作为绘图平面,使用"多边形""直线""剪裁实体"命令绘制五角星草图,步骤可参考图 3-76,单击绘图区右上角"确认角"中的"草图"按钮 ↪,退出草图。

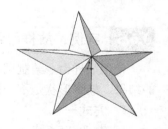

图 3-75 五角星

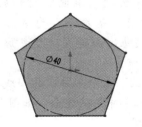
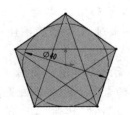

图 3-76 绘制五角星草图步骤

3）单击"特征"面板上"参考几何体"命令组中的"基准面"按钮▦，系统弹出"基准面"对话框，构建一个与上视基准面平行，距离为 5mm 的基准面，单击"确定"按钮✓，结果如图 3-77 所示。

4）选择新建基准面作为绘图平面，绘制只有一个点的草图，位置是五角星中心的正上方，如图 3-78 所示，单击绘图区右上角"确认角"中的"草图"按钮↳，退出草图。

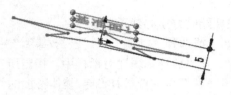

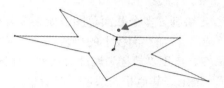

图 3-77　新建基准面　　　　　　　　　　图 3-78　一个点的草图

5）单击"特征"面板中的"放样凸台/基体"按钮▦，系统弹出"放样"属性对话框，依次选择五角星和只有一个顶点的草图，如图 3-79 所示，即可生成五角星实体。

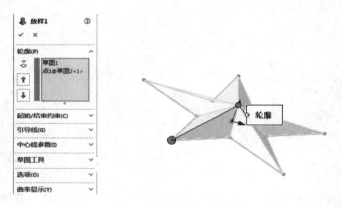

图 3-79　生成五角星实体

3.6.3　实例：放样吊钩

使用放样命令绘制图 3-71 所示的吊钩，图 3-80 所示两图是采用了不同数量的截面图形生成的结果，最终形状是不一样的。

1. 方式一

1）打开 3.5.6 实例：引导线扫描创建吊钩的文件，删除扫描特征，结果如图 3-81 所示。

2）单击"特征"面板中的"基准面"按钮▦，系统弹出"基准面"对话框，分别选择图 3-82 箭头所指两点为第一参考和第二参考，选择"前视基准面"为第三参考，"垂直"方式，如图 3-83 所示，构建一个过两参考点并且与前视基准面垂直的参考面，单击"确定"按钮✓。

3）选择新建基准面作为绘图平面绘制草图，使用"周边圆"命令，捕捉两曲线端点，绘制图 3-84 所示箭头所指的小圆，使用约束命令约束箭头所指圆心和中心线重合，如图 3-85 所示，单击绘图区右上角"确认角"中的"草图"按钮↳，退出草图。

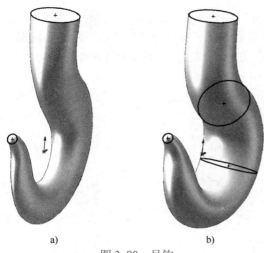

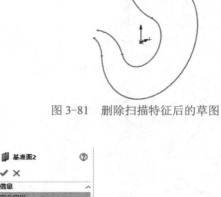

图 3-80　吊钩

a) 方式一　b) 方式二

图 3-81　删除扫描特征后的草图

图 3-82　两个参考点

图 3-83　"基准面"属性对话框

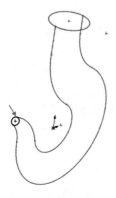

图 3-84　绘制小圆

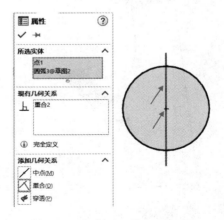

图 3-85　约束圆心和中心线重合

4）单击"特征"面板中的"放样凸台/基体"按钮，系统弹出"放样"属性对话框，依次选择两个圆的同侧作为截面轮廓，两曲线链作为引导线，如图 3-86 所示，即可生成图 3-80a 左侧的吊钩造型，由于两截面图形位置夹角过大，放样结果导致吊钩中间部分有变形。

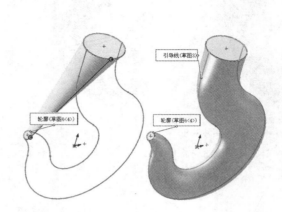

图 3-86　放样

选择草图时，应该选择每一个草图的同侧位置，如图 3-86 上加点的位置，否则实体会出现扭曲。

2. 方式二

1）重复方式一中的步骤 1）～3）。

2）单击"特征"面板中的"基准面"按钮，系统弹出"基准面"属性对话框，分别选择图 3-87 箭头所指两点为第一参考和第二参考，选择"前视基准面"为第三参考，"垂直"方式，构建一个过两参考点并且与前视基准面垂直的参考面，单击"确定"按钮。

3）采用方式一中步骤 3）的方法，绘制截面草图圆，如图 3-88 所示。

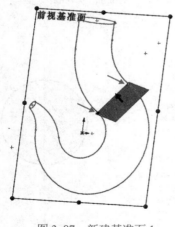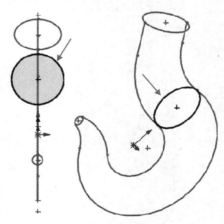

图 3-87　新建基准面 1　　　　　　　　图 3-88　绘制截面草图圆 1

4）选择前视基准面作为草图平面，使用"中心线"命令和"点"命令绘制草图，如图 3-89

所示，箭头所指为两个交点，单击绘图区域右上角"确认角"中的"草图"按钮 ，退出草图。

5）单击"特征"面板中的"基准面"按钮 ，系统弹出"基准面"属性对话框，分别选择图 3-90 箭头所指线为第一参考，选择"前视基准面"为第二参考，"垂直"方式，如图 3-90 所示，构建一个过直线并且与前视基准面垂直的参考面，单击"确定"按钮 。

6）采用方式一中步骤3）的方法，绘制截面草图圆，如图 3-91 所示。

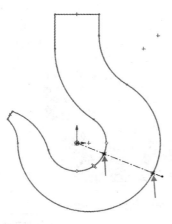

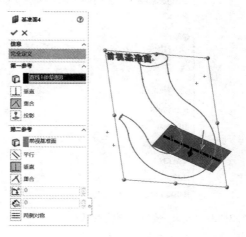

图 3-89　绘制草图　　　　　　　　　　　图 3-90　新建基准面 2

7）单击"特征"面板中的"放样凸台/基体"按钮 ，系统弹出"放样"属性对话框，依次选择 4 个圆的同侧作为截面轮廓，两曲线链作为引导线，如图 3-92 所示，即可生成图 3-80b 的吊钩造型。

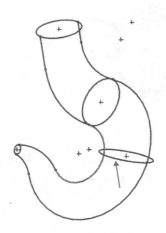

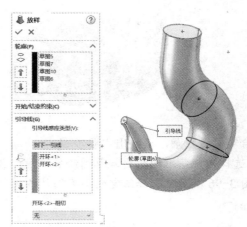

图 3-91　绘制截面草图圆 2　　　　　　　　　图 3-92　放样

3.6.4　放样切割

"放样切割"命令与"扫描切除"命令类似，一般先用草图命令绘制好截面，再执行"放样切割"命令。

首先绘制好多个截面草图，如果需要引导线，也要绘制好引导线草图。

单击"特征"面板上的"放样切割"按钮 ，或选择"插入"→"切除"→"放样"命令，出现"切除-放样"属性对话框，如图 3-93 所示。在"放样"属性对话框中，指定所有"轮廓"，设定好其他相关选项，然后单击"确定"按钮 ✅，即可完成放样切割操作。图 3-94 所示为放样切割示例。

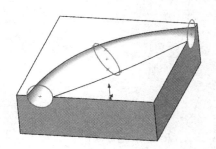

图 3-93 "切除-放样"属性对话框   图 3-94 放样切割示例

3.7 综合实例：茶壶

茶壶

绘制图 3-95 所示的茶壶，尺寸见步骤中。

图 3-95 茶壶

综合实例较复杂，只列出主要步骤。

1）选择前视基准面，进入草图绘制环境，选择"工具"→"草图工具"→"草图图片"命令，如图 3-96 所示，选择给定的茶壶图片作为草图背景，如图 3-97 所示。

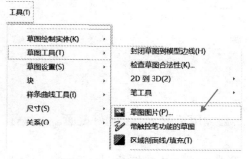

图 3-96 草图图片命令   图 3-97 草图背景图片

2）使用绘制圆命令按照背景图片的轮廓绘制一个圆，如图 3-98 所示；按照壶底和壶盖的位置绘制两条水平线，如图 3-99 所示。

图 3-98　绘制一个圆

图 3-99　绘制两条水平线

3）选择背景图片，删除图片，对草图进行修剪，结果如图 3-100 所示；通过圆心绘制一条竖直线，并进行修剪，如图 3-101 所示，退出草图。

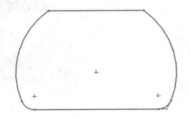
图 3-100　删除背景图片并修剪草图

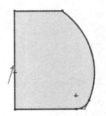
图 3-101　绘制竖直线并修剪

4）使用"旋转凸台/基体"命令，利用草图选择图 3-101 箭头所指直线作为旋转轴，生成旋转实体，如图 3-102 所示。

5）选择"抽壳"命令，设定合适的厚度，选择顶面作为开口平面进行抽壳，结果如图 3-103 所示。

图 3-102　旋转凸台/基体

图 3-103　抽壳

6）选择前视基准面，过壶体圆心绘制一条中心线，大概位置如图 3-104 所示，退出草图。使用"基准面"命令，以刚绘制的草图中心线及端点作为参考，新建一个和中心线垂直的基准面，如图 3-105 所示。

7）在新建基准面上绘制一个小圆，大小参考壶嘴末端，如图 3-106 所示。

8）使用"拉伸凸台/基体"命令，选择小圆作为轮廓，同时选中"向外拔模""成形到下一面"选项，如图 3-107 所示，拉伸壶嘴造型。

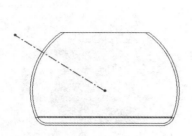

图 3-104　绘制一条中心线

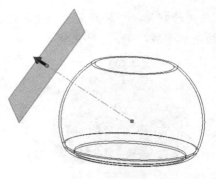

图 3-105　新建基准面（绘制壶嘴末端用）

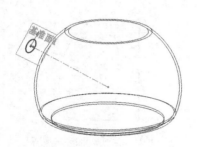

图 3-106　绘制小圆

图 3-107　凸台-拉伸

9）选择壶嘴顶部平面作为草图面绘制另一个小圆，如图 3-108 所示。使用"拉伸切除"命令，设置和上一步"拉伸凸台/基体"命令相似的参数，生成壶嘴的空腔，如图 3-109 所示。

图 3-108　绘制另一个小圆

图 3-109　拉伸切除

10）选择前视基准面，使用"样条曲线"命令绘制手柄路径草图，作为把手的路径，尺寸自定，如图 3-110 所示。

11）新建基准面过手柄路径草图的端点并且与样条曲线垂直，如图 3-111 所示。

12）在新建基准面上绘制一个小圆作为手柄截面草图，尺寸自定，如图 3-112 所示。

13）使用"扫描"命令，以截面草图为轮廓，路径草图为路径，扫描生成手柄实体，如图 3-113 所示。由图 3-114 可以看出在壶体内侧，是有多余手柄的。

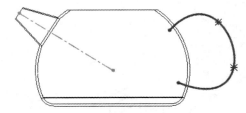

图 3-110　手柄路径草图

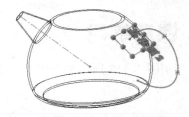

图 3-111　新建基准面（绘制手柄截面用）

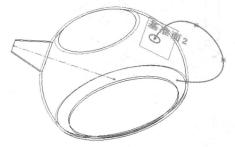

图 3-112　手柄截面草图

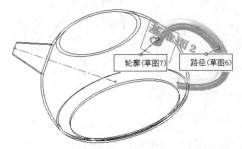

图 3-113　扫描生成手柄实体

14）选择前视基准面，绘制草图，如图 3-115 所示，注意草图应该是封闭的，而且左侧竖线应与壶体轴线重合。

图 3-114　手柄有多余部分

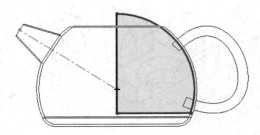

图 3-115　绘制草图（切除手柄多余部分）

15）使用"旋转切除"命令，选择上面草图作为截面，最左侧竖线作为旋转轴，将手柄多余部分切除，如图 3-116 所示。

16）使用"圆角"命令对手柄和壶嘴倒圆角，最终结果如图 3-95 所示。圆角命令下一章讲解。

壶盖造型可以方便地用"旋转凸台/基体"命令来完成，读者可自行尝试完成，这里不再赘述，带壶盖造型如图 3-117 所示。

图 3-116　切除手柄多余部分

图 3-117　加盖的茶壶

3.8 课后练习

1. 绘制图 3-118 所示轴测图的三维造型。

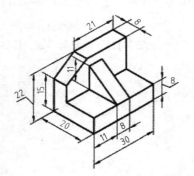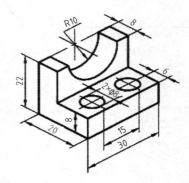

图 3-118　轴测图 1

2. 绘制图 3-119 所示轴测图的三维造型。

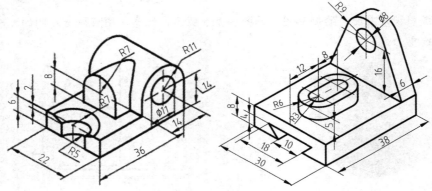

图 3-119　轴测图 2

3. 绘制图 3-120 所示组合体的三维造型。

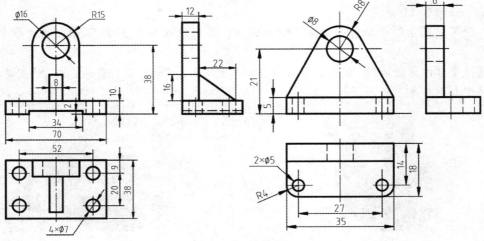

图 3-120　组合体 1

4．绘制图 3-121 所示组合体的三维造型。

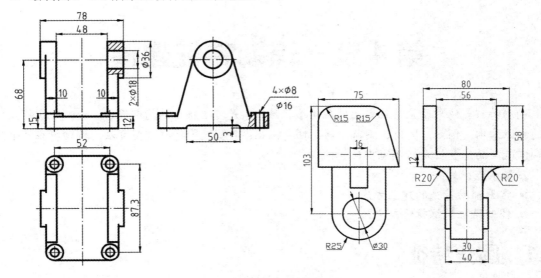

图 3-121　组合体 2

第4章 辅助特征建模

辅助特征是依附于主特征之上的几何形状特征，是对主特征的局部修饰，反映了零件几何形状的细微结构。例如，圆角、倒角、筋、抽壳、孔、异型孔等特征造型方法。辅助特征的创建对于实体造型的完整性是必不可少的。

本章重点：
- 常见辅助特征的建立方法
- 辅助特征的编辑修改方法

4.1 圆角特征

圆角特征在零件设计中起着重要作用，在零件上加入圆角特征，有助于在造型上产生平滑变化的效果。圆角特征可以为一个面的所有边线、所选的多组面、边线或者边线环生成圆角特征。

SolidWorks 2022 根据设置参数的不同还可以生成以下几种圆角特征，如图4-1所示。
- 等半径：选择该选项，可以生成整个圆角都有等半径的圆角。
- 变半径：选择该选项，可以生成变半径的圆角。
- 面圆角：选择该选项，可以在两个相邻面的相交处进行倒圆角。
- 完整圆角：选择该选项，可以在3个首尾相邻的面的中间面倒圆角，倒圆角后长度不变。

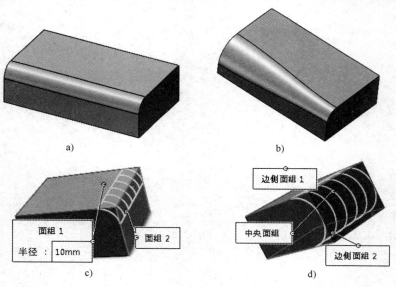

图 4-1　不同的圆角特征

a) 等半径　b) 变半径　c) 面圆角　d) 完整圆角

4.1.1 等半径圆角特征

等半径圆角特征是指对所选边线以相同的圆角半径进行倒圆角的操作，这是圆角特征造型中最常用的方式，等半径圆角的操作步骤如下。

单击"特征"面板上的"圆角"按钮 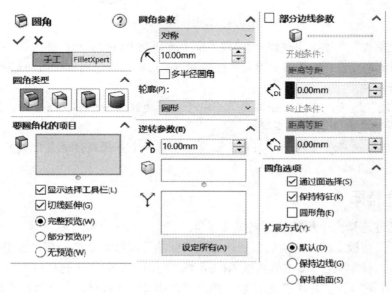，或选择"插入"→"特征"→"圆角"命令，弹出图 4-2 所示的"圆角"属性对话框，在其中的"圆角类型"选项组中选择"等半径"选项，在"圆角参数"选项组中给定圆角半径，在"要圆角化的项目"选项组中选择需倒圆角的边线，设置好其他选项，单击"确定"按钮 ✓，完成操作。

图 4-2 "圆角"属性对话框-等半径圆角

4.1.2 变半径圆角特征

变半径圆角特征通过对进行圆角处理的边线上的多个点设定不同的圆角半径来生成圆角，从而制造出另类的效果。

单击"特征"面板上的"圆角"按钮，或选择"插入"→"特征"→"圆角"命令，打开"圆角"属性对话框，在其中选择"圆角类型"为"变半径"，如图 4-3 所示。

选择要进行变半径圆角处理的边线。此时在图形区中系统会默认使用 3 个变半径控制点，分别位于边线的 0%、50% 和 100% 的等距离处，如图 4-4 所示。如果要改变控制点的数量，可以在右侧的微调框中设置控制点的数量。

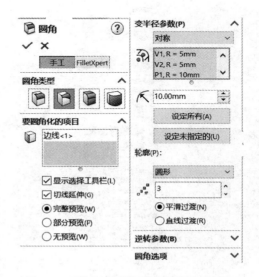

图 4-3 "圆角"属性对话框-变半径圆角

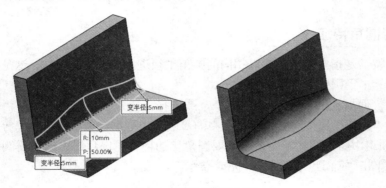

图 4-4　变半径圆角示例

在"变半径参数"选项组的 右侧的列表框中选择变半径控制点，然后在"半径" 右侧的微调框中输入圆角半径值。如果要更改变半径控制点的位置，可以用鼠标拖动控制点到新的位置。

圆角过渡有两种类型。

● "平滑过渡"选项：生成一个圆角，当一个圆角边线与一个邻面结合时，圆角半径从一个半径平滑地变化为另一个半径。

● "直线过渡"选项：生成一个圆角，圆角半径从一个半径线性地变化成另一个半径，但是不与邻近圆角的边线相结合。

4.1.3　面圆角特征

面圆角是通过选择两个相邻的面来定义圆角。

单击"特征"面板上的"圆角"按钮，出现"圆角"属性对话框，在"圆角类型"选项组中选中"面圆角"，在"半径"文本框内输入圆角半径，在"要圆角化的项目"选项组中激活"面组 1"列表框，在图形区中选择"面组 1"，激活"面组 2"列表框，在图形区中选择"面组 2"，如图 4-5 所示，单击"确定"按钮 ，即可生成面圆角。图 4-6 是面圆角示例。

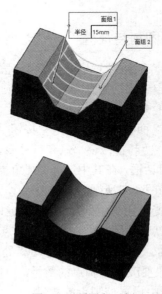

图 4-5　"圆角"属性对话框-面圆角　　　　　　图 4-6　面圆角示例

4.1.4　完整圆角特征

完整圆角可以选择 3 个相邻的面来定义圆角，该方式不需指定圆角半径。

单击"特征"面板上的"圆角"按钮，出现"圆角"属性对话框，在"圆角类型"选项组中选中"完整圆角"，在"要圆角化的项目"选项组中激活"面组 1"列表框，在图形区中选择"边侧面组 1"，激活"中央面组"列表框，在图形区中选择"中央面组"，激活"面组 2"列表框，在图形区中选择"边侧面组 2"，如图 4-7 所示，单击"确定"按钮 ✅，即可生成完整圆角。图 4-8 是完整圆角示例。

📖 提示：中央面组必须位于面组 1 和面组 2 之间。

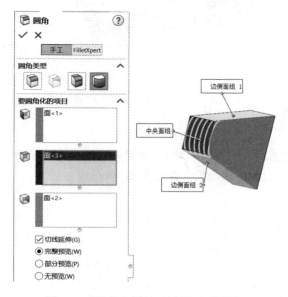

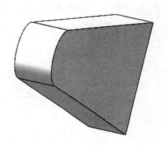

图 4-7　"圆角"属性对话框-完整圆角　　　　图 4-8　完整圆角示例

4.1.5　实例：鼠标造型

鼠标造型

创建图 4-9 所示的鼠标造型，尺寸见步骤中。

1）选择前视基准面，绘制草图，如图 4-10 所示，单击绘图区右上角"确认角"中的"草图"按钮 ↪，退出草图。

图 4-9　鼠标造型　　　　　　　　　　　图 4-10　绘制草图

2）单击"特征"面板上的"拉伸凸台/基体"按钮，系统弹出"凸台-拉伸"属性对话框，选择拉伸方式为"两侧对称"，距离为"45"，单击"确定"按钮，生成主体造型，如图 4-11 所示。

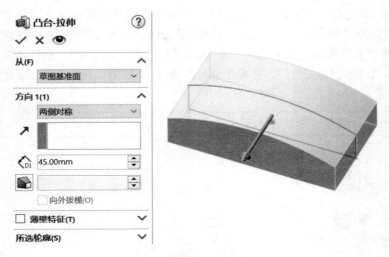

图 4-11　拉伸主体

3）单击"特征"面板上的"圆角"按钮，选择图 4-12 中箭头所指两条棱线作为要圆角化的项目，半径设为"22.5"，单击"确定"按钮，生成两个大圆角。

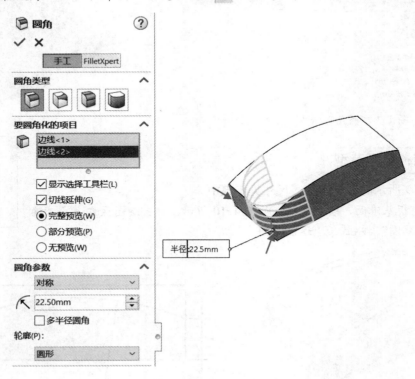

图 4-12　生成两个大圆角

4）重复"圆角"命令，选择图 4-13 箭头所指两棱线，半径设为"10"，生成两个小圆角，结果如图 4-14 所示。

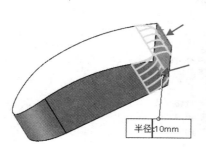

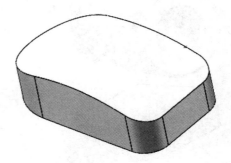

图 4-13　生成两个小圆角　　　　　　　　图 4-14　完成 4 个圆角

5）单击"特征"面板上的"圆角"按钮，选择"变半径"方式，选择图 4-15 箭头所指两边线，半径分别设置为"5"和"10"，"圆角"属性对话框设置如图 4-16 所示，单击"确定"按钮，即可完成图 4-9 所示鼠标造型。

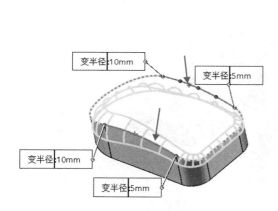

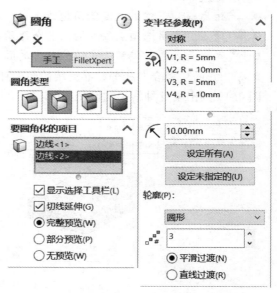

图 4-15　变半径倒圆角　　　　　　　　图 4-16　"圆角"属性对话框

4.2　倒角特征

"倒角"命令是在两个面之间沿公共边构造斜角平面，如图 4-17 所示。在零件设计时，最好在模型接近完成时构造倒角特征。

单击"特征"面板上的"倒角"按钮，或选择"插入"→"特征"→"倒角"命令，弹出"倒角"属性对话框，如图 4-18 所示。

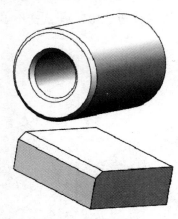

图 4-17 倒角示例

图 4-18 "倒角"属性对话框

"倒角"属性对话框中各选项说明如下。

1. 倒角类型

● 角度-距离：设定距离和角度。

● 距离-距离：输入选定倒角边线上每一侧的距离的非对称值，或选择对称只指定单个值。

● 顶点：在所选顶点每侧输入 3 个距离值，或单击相等距离并指定一个数值。

● 等距面：通过偏移选定边线相邻的面来求解等距面倒角。

● 面-面：混合非相邻、非连续的面，可创建对称、非对称、包络控制线和弦宽度倒角。

图 4-19 列出了几种常见的倒角方式。

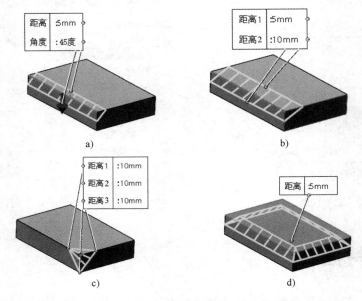

图 4-19 几种常见倒角方式

a) 角度-距离 b) 距离-距离 c) 顶点 d) 等距面

2. 要倒角化的项目

"要倒角化的项目"选项组中显示的选项会根据倒角类型而发生变化，可以选择适当的项目

92

来加倒角。

- 切线延伸：将倒角延伸到与所选实体相切的面或边线。
- 预览模式：可以选择完全预览、部分预览和无预览。

3．倒角参数

"倒角参数"选项组中显示的选项会根据倒角类型而发生变化。

- 弦宽度：在设置的弦距离处为宽度创建面-面倒角。
- 包络控制线：为面-面倒角设置边界。
- 等距：为从顶点的距离应用单一值。
- 多距离倒角：适用于带对称参数的等距面倒角。选择多个实体，然后编辑距离标注至所需的值。

4．倒角选项

- 通过面选择：启用通过隐藏边线的面选择边线。
- 保持特征：保持特征来保留诸如切除或拉伸之类的特征，这些特征在应用倒角时通常被移除，如图 4-20 所示。

倒角之前的特征　　　　　　　保持特征　　　　　　　不选择保持特征

图 4-20　保持特征

4.3　抽壳特征

抽壳特征是从零件内部去除多余材料而形成的内空实体造型。创建抽壳特征时，首先需要选取开口平面，系统允许选取多个开口平面，然后输入薄壳厚度，即可完成抽壳特征的创建。抽壳时通常指定各个表面厚度相等，也可单独指定某些表面厚度，这样抽壳特征完成后，各个零件表面厚度不相等。

4.3.1　抽壳特征的创建

"抽壳"属性对话框中各选项含义如下。

- 抽壳厚度：确定抽壳完成后，壳体的厚度。
- 移除的面：抽壳参考平面，抽壳操作从这个平面开始。
- 壳厚朝外：以抽壳面侧面为基准，抽壳厚度从基准面向外延伸。
- 显示预览：在抽壳过程中显示特征，在选择面之前最好关闭显示预览，否则每次选择面都将更新预览，导致操作速度变慢。
- 多厚度：单独指定的表面厚度。
- 多厚度面：单独指定厚度的表面。

选择合适的实体表面，设置抽壳操作的厚度，完成特征创建。选择不同的表面，会产生不同的抽壳效果，如图 4-21 所示。

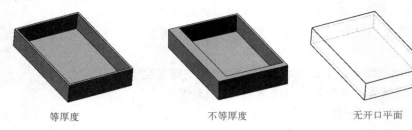

等厚度   不等厚度   无开口平面

图 4-21   不同的抽壳效果

4.3.2 实例：鼠标抽壳

创建图 4-22 所示的鼠标壳体，操作步骤如下。

1）打开前面创建好的鼠标实体。

2）单击"特征"工具栏上的"抽壳"按钮 ⬚ ，系统显示"抽壳"属性对话框，如图 4-23 所示，在弹出的"抽壳"属性对话框中，指定厚度，选择鼠标实体的底面为开口平面，单击"确定"按钮 ✔ ，即可生成鼠标壳体，如图 4-23 所示。

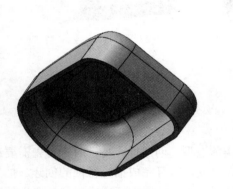

图 4-22   鼠标壳体   图 4-23   "抽壳"属性对话框及鼠标壳体

4.4   筋特征

筋（也称肋板）特征可对制造的零件起到加强和增加刚性的作用，如图 4-24 所示。

图 4-24   筋特征

4.4.1　筋特征的创建

创建筋特征时，首先要创建决定筋形状的草图，然后指定筋的厚度、位置、方向和拔模角度。

1）单击"特征"面板上的"筋"按钮，或选择"插入"→"特征"→"筋"命令，弹出图 4-25 所示的"筋"平面选择对话框。

2）选择相应基准面作为绘图平面，绘制筋的草图，如图 4-26 所示。单击绘图区右上角"确认角"中的"草图"按钮，退出草图。

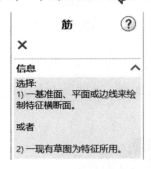

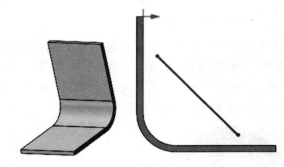

图 4-25　"筋"平面选择对话框　　　　　　　图 4-26　筋的草图

3）系统弹出图 4-27 所示的"筋"属性对话框。输入筋板厚度，设定拉伸方向，单击"确定"按钮，即可生成图 4-28 所示的筋特征实体。

图 4-27　"筋"属性对话框　　　　　　　　　图 4-28　筋特征实体

筋的草图可以很简单，也可以很复杂。既可以简单到只有一条直线来形成筋的中心，也可以复杂到详细描述筋的外形轮廓。根据所绘制草图的不同，所创建的筋特征既可以垂直于草图平面，也可以平行于草图平面进行拉伸。简单的筋草图既可以垂直于草图平面拉伸，也可以平行于草图平面拉伸；而复杂的筋草图只能垂直于草图平面拉伸。

4.4.2　实例：盖板筋结构

绘制图 4-29 所示的盖板筋，尺寸见步骤中。

1）使用"拉伸凸台/基体"命令，绘制一个带圆角的长方体，尺寸自定，如图 4-30 所示。

图 4-29 带筋的盖板

图 4-30 带圆角的长方体

2）使用"抽壳"命令，设置合适的厚度对长方体进行抽壳，结果如图 4-31 所示。

3）单击"特征"面板上的"基准面"按钮 ▣，系统弹出"基准面"属性对话框，选择壳底面作为参考，"平行"方式，设置适当的距离，单击"确定"按钮 ✔，生成一个与壳底面平行，大概位于中间位置的基准面，如图 4-32 所示。

图 4-31 抽壳

图 4-32 新建基准面

4）选择新建的基准面作为草图面，绘制图 4-33 所示的草图。

5）选择"筋"命令，在弹出的"筋"属性对话框中，选择"两侧""垂直于草图"选项，设置适当的厚度，如图 4-34 所示，单击"确定"按钮 ✔，即可完成图 4-29 所示的带筋的盖板。

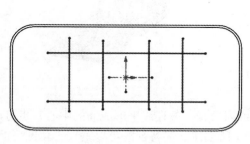

图 4-33 绘制草图

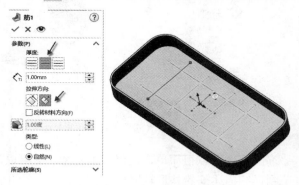

图 4-34 筋的生成

4.5 拔模特征

拔模特征是铸件上普遍存在的一种工艺结构，是指在零件指定的面上按照一定的方向倾斜一定的角度，使零件更容易从模型腔中取出。

4.5.1 拔模特征的创建

在 SolidWorks 中，可以在拉伸特征操作中同时设置拔模斜度，也可使用拔模命令创建一个独立的特征。

单击"拔模"按钮 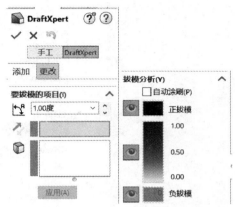，弹出"DraftXpert"属性对话框，如图 4-35 所示。在"拔模角度"文本框中输入拔模角度，定义中性面，一般选择底面为中性面，选择需要拔模的面或者面链（一般是侧面），单击"确定"按钮 ✓，即可生成拔模实体。

"DraftXpert"属性对话框中常用选项含义如下。

1. 要拔模的项目

- ⌐⌐拔模角度：设定拔模角度（垂直于中性面进行测量）。
- 中性面：选择一个平面或基准面特征。如有必要，选择"反向" ⌐ 向相反的方向倾斜拔模。
- ⌐⌐拔模面：选择图形区中要拔模的两个面。

2. 拔模分析

- 自动涂刷：启用模型的拔模分析，必须为中性面选择一个面。
- 颜色轮廓映射：通过颜色和数值显示模型中拔模的范围，以及带有正拔模、需要拔模和带有负拔模的面数。黄色面是最可能需要拔模的面。

图 4-35 "DraftXpert"属性对话框

4.5.2 实例：圆柱拔模

对圆柱进行拔模的操作步骤如下。

1）创建一个圆柱，尺寸自定。

2）单击"拔模"按钮 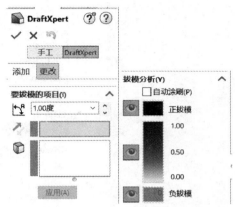，弹出"DraftXpert"属性对话框，选择圆柱底面作为"中性面"，选择圆柱面作为"拔模面"，"拔模方向"向上，如图 4-36 所示，单击"确定"按钮 ✓，即可生成拔模实体，如图 4-37 所示。

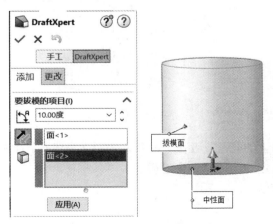

图 4-36 设置拔模参数

图 4-37 拔模后的圆柱

如果编辑修改已创建完成的拔模特征，打开"拔模"属性对话框，与创建时有所区别，如图 4-38 所示。

图 4-38　编辑修改拔模特征

4.6　孔特征

SolidWorks 2022 创建孔特征的方式有异型孔向导、高级孔、螺纹线和螺柱向导等，如图 4-39 所示。

4.6.1　异型孔向导

异型孔的类型包括柱形沉头孔、锥形沉头孔、孔、直螺纹孔、锥形螺纹孔、旧制孔、柱孔槽口、锥孔槽口和槽口，如图 4-40 所示，根据需要可以选定异型孔的类型。

图 4-39　创建孔特征的方式

图 4-40　异型孔的类型

通过使用异型孔向导可以生成基准面上的孔，或者在平面和非平面上生成孔。生成异型孔的步骤：设定孔类型参数、孔的定位以及确定孔的位置 3 个过程。

本节介绍常见的几种异型孔的创建方法。

1. 柱形沉头孔特征

单击"特征"面板上的"异型孔向导"按钮，或选择"插入"→"特征"→"孔向导"

命令，此时弹出"孔规格"属性对话框。

单击"孔规格"属性设置对话框中"柱形沉头孔"按钮 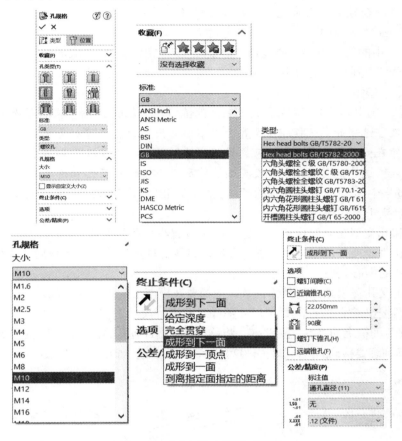，此时的"孔规格"属性设置对话框如图 4-41 所示，其中常用选项的含义如下。

图 4-41 "孔规格"属性对话框

（1）"收藏"选项组

● 应用默认/无收藏 🗗：默认设置为没有选择常用类型。

● 添加或更新收藏 ★：添加常用类型。

● 删除收藏 ★：删除所选的常用类型。

● 保存收藏 🖫：单击此按钮，保存收藏。

● 装入收藏 ★：单击此按钮，可选择一常用类型。

（2）"孔类型"选项组

● 标准：在该选项的下拉列表中，可以选择与柱形沉头孔连接的紧固件的标准，如 ISO、ANSI Metric 和 JIS 等。

● 类型：在该选项的下拉列表中，可以选择与柱形沉头孔对应紧固件的螺栓类型，如六角凹头、六角螺栓、凹肩螺钉、六角螺钉和平盘头十字切槽等。一旦选择了紧固件的螺栓类型，异型孔向导会立即更新对应参数栏中的项目。

（3）"孔规格"选项组

● 大小：在该下拉列表框中可以选择柱形沉头孔对应紧固件的尺寸，从 M1.6 到 M64。

● 配合：用来为扣件选择套合，分"紧密""正常"和"松弛"3 种，分别表示柱孔与对应的紧固件配合较紧、正常范围或配合较松散。

（4）"终止条件"选项组

"终止条件"中的终止条件主要包括"给定深度""完全贯穿""成形到下一面""成形到一顶点""成形到一面""到离指定面指定的距离"等。

（5）"选项"选项组

● 螺钉间隙：选中此复选框即可设定螺钉间隙值![图标]，将使用文档单位把该值添加到扣件头之上。

● 近端锥孔：选中此复选框即可设置近端锥形沉头孔的直径![图标]和角度![图标]。

● 螺钉下锥孔：选中此复选框即可设置下头锥形沉头孔的直径![图标]和角度![图标]。

● 远端锥孔：选中此复选框即可设置远端锥形沉头孔的直径![图标]和角度![图标]。

根据标准选择柱孔对应于紧固件的螺栓类型，如 ISO 对应的六角凹头、六角螺栓、凹肩螺钉、六角螺钉、平盘头十字切槽等。

根据需要和孔类型在"终止条件"选项组中设置终止条件选项。

根据需要在"选项"选项组中设置各参数，设置好柱形沉头孔的参数后，选择"位置"选项卡，然后拖动孔的中心到模型上的适当位置。

如果需要定义孔在模型上的具体位置，则需要在模型上插入草绘平面。单击"草图"面板中的"智能尺寸"按钮![图标]，像标注草图尺寸那样对孔进行尺寸定位。

单击"绘制"面板上的"点"按钮![图标]，将移动鼠标指针到孔的位置，此时鼠标指针变为![图标]形状，按住鼠标移动其到想要移动的点，如图 4-42 所示，重复上述步骤，便可生成指定位置的柱孔特征。

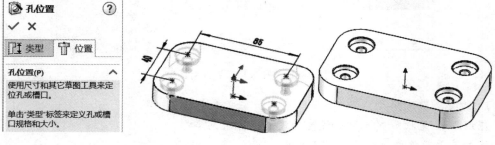

图 4-42　孔位置定义

2. 锥形沉头孔特征

锥形沉头孔特征基本与柱形沉头孔类似，其生成步骤如下。

单击"特征"面板中的"异型孔向导"按钮![图标]，或选择"插入"→"特征"→"孔向导"命令，弹出"孔规格"属性对话框。

单击"孔规格"属性对话框中的"锥形沉头孔"按钮![图标]，此时的"孔规格"属性对话框如图 4-43 所示，选择与锥孔连接的紧固件标准，如 ISO、ANSI Metric、JIS 等。

根据标准在"孔规格"属性对话框中选择锥孔对应于紧固件的螺栓类型，如 ISO 对应的六角凹头锥孔头、锥孔平头、锥孔提升头等。

图 4-43　锥形沉头孔的"孔规格"属性对话框

　　根据条件和孔的类型在"终止条件"选项组中设置终止条件选项，根据需要在"选项"选项组中设置各参数。如果想自己确定孔的特征，选中"显示自定义大小"复选框并设置相关参数。

　　设置好锥孔的参数后，选择"位置"选项卡，拖动孔的中心到适当的位置，此时鼠标指针变为　形状。可用上一节类似的方式定义孔的具体位置，这里不再赘述。

3. 孔特征

　　孔特征操作过程与前述柱形沉头孔、锥形沉头孔基本一样，其操作步骤如下。

　　单击"特征"面板上的"异型孔向导"按钮，或选择"插入"→"特征"→"孔向导"命令，即可打开"孔规格"属性对话框。单击"孔规格"属性对话框中的"孔"按钮，此时的"孔规格"属性对话框如图 4-44 所示。

　　根据条件和孔类型在"终止条件"选项组中设置终止条件选项。根据需要在"选项"选项组中确定选中"近端锥孔"复选框用于设置近端处的直径和角度。设置好参数后，选择"位置"选项卡，单击要放置孔的平面，此时鼠标指针变为　形状，拖动孔的中心到适当的位置，单击"确定"按钮，完成孔的生成与定位。

4. 直螺纹孔特征

　　在模型上插入螺纹孔特征，其操作步骤如下。

　　单击"特征"面板上的"异型孔向导"按钮，或选择"插入"→"特征"→"孔向导"命令，弹出"孔规格"属性设置对话框。单击"孔类型"选项组中的"直螺纹孔"按钮，同时对螺纹孔的参数进行设置，如图 4-45 所示。

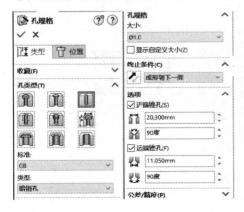

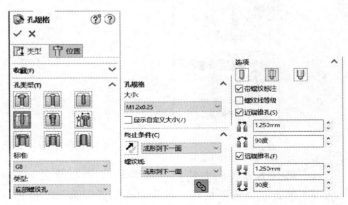

图 4-44　孔的"孔规格"属性对话框　　　　图 4-45　直螺纹孔的"孔规格"属性对话框

根据标准在"孔规格"属性对话框中选择与螺纹孔连接的紧固件标准，如 ISO、DIN 等。选择螺纹类型，如螺纹孔、底部螺纹孔，并在"大小"选项组中对应的文本框中输入钻头直径。在"终止条件"选项组中设置螺纹孔的深度，在"螺纹线"下拉列表框中设置螺纹线的深度，设置要符合国家标准。在"选项"选项组中可选择"装饰螺纹线"或"移除螺纹线"，还可确定"螺纹线等级"。

设置好螺纹孔参数后，单击"位置"按钮，选择螺纹孔安装位置，其操作步骤与柱形沉头孔一样，对螺纹孔进行定位和生成螺纹孔特征。最后，单击"确定"按钮 ✅。

4.6.2 高级孔

利用"高级孔"工具，可以从近端面和远端面中定义高级孔。例如，要在图 4-46 所示长方体上创建一个高级孔特征，步骤如下。

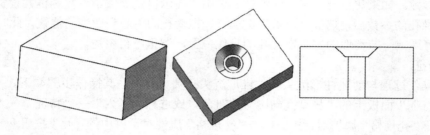

图 4-46 长方体上的高级孔

1）单击"特征"工具栏的"高级孔"按钮，或者选择"插入"→"特征"→"高级孔"命令，系统弹出"高级孔"属性对话框，选择长方体顶面作为"近端面"，设置"类型""大小"及"端部形状"等参数，如图 4-47 所示。

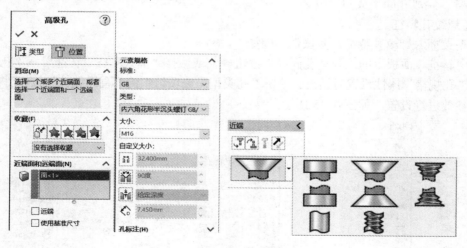

图 4-47 "高级孔"属性对话框（近端面）

2）选择长方体底面作为"远端面"，参数设置如图 4-48 所示。

3）单击"位置"按钮，打开"孔位置"属性对话框，如图 4-49 所示，用鼠标确定孔的位置，如图 4-50 所示，单击"确定"按钮 ✅，即可完成高级孔的创建。

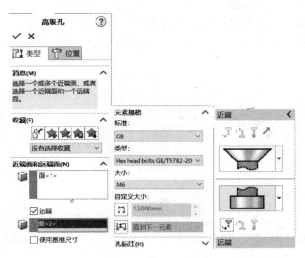

图 4-48 "高级孔"属性对话框（远端面）

图 4-49 "孔位置"属性对话框

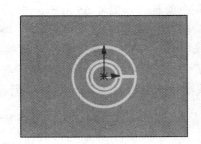

图 4-50 确定孔的位置

4.6.3 螺纹线

"螺纹线"命令无法自动调整螺纹大小以适应模型。该命令是基于选定的轮廓，在孔或轴上快速创建拉伸的或剪切的螺纹线。例如，要在图 4-51 所示圆柱上创建一个螺纹线特征，步骤如下。

1）单击"特征"工具栏的"螺纹线"按钮 🔳，或者选择"插入"→"特征"→"螺纹线"命令，系统弹出提示窗口，如图 4-52 所示，单击"确定"按钮。

图 4-51 圆柱体

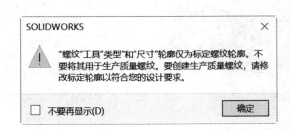

图 4-52 提示信息

2）系统弹出"螺旋线"属性对话框，选择图 4-51 箭头所指的圆作为"圆柱体边线"，其余参数设置如图 4-53 所示，单击"确定"按钮 ✅，即可完成螺旋线的创建，如图 4-54 所示。

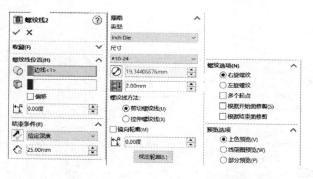

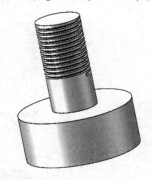

图 4-53 "螺旋线"属性对话框

图 4-54 螺旋线造型

4.6.4 螺柱向导

"螺柱向导"命令可用于在圆柱几何体上创建螺柱或在曲面（或平面）上创建螺柱。下面以在圆柱几何体上创建螺柱为例，介绍利用"螺柱向导"命令创建螺柱的操作步骤。

1）创建一个圆柱，如图 4-55 所示。

2）单击"特征"工具栏的"螺柱向导"按钮 📷，或者选择"插入"→"特征"→"螺柱向导"命令，系统弹出"螺柱向导"属性对话框，如图 4-56 所示。

3）"边线"选择图 4-55 箭头所指的圆，其他参数参考图 4-56 进行设置，单击"确定"按钮 ✅，即可完成螺柱造型的创建，如图 4-57 所示。

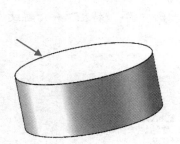

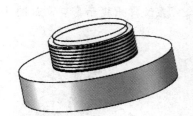

图 4-55 创建圆柱　　　图 4-56 "螺柱向导"属性对话框　　　图 4-57 螺柱造型

4.7 其他常用辅助特征

除了前面讲述的常用辅助特征外，SolidWorks 还提供了很多其他辅助特征的创建。

4.7.1 包覆特征

包覆特征用于将草图包覆到平面或非平面上。下面以图 4-58 为例来说明如何用"包覆"命令创建浮雕文字。

1）创建一个圆柱，如图 4-59 所示。

2）使用"特征"面板上的"基准面"命令，创建一个与"前视基准面"平行，并在圆柱面外面的基准面，如图 4-60 所示。

图 4-58 浮雕文字

图 4-59 创建圆柱

图 4-60 创建基准面

3）以新建基准面作为草图面，使用"特征"面板上的"文本"命令，创建文字，大小及字体如图 4-61 所示。

4）选择"插入"→"特征"→"包覆"命令，出现"包覆"属性对话框，如图 4-62 所示。设置"包覆类型"为"浮雕"，选择"包覆面"为圆柱面、"源草图"为新建草图，"厚度"设定适当的值，单击"确定"按钮 ✔，即可生成包覆特征，如图 4-58 所示。

图 4-61 创建文字草图

图 4-62 "包覆"属性对话框

📖 有时候文字草图会造成自相交的轮廓图形，此时在草图状态选中文字并右击，弹出图 4-63 所示的快捷菜单，并选择"解散草图文字"命令，用鼠标拖动相交的关键点修改位置，使得自相交的图形改正，如图 4-64 所示。将所有自相交的位置改正，即可生成浮雕文字了。

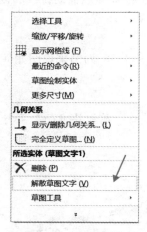

图 4-63　右键快捷菜单

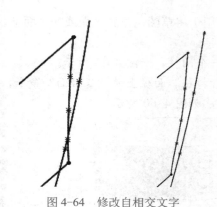

图 4-64　修改自相交文字

4.7.2　圆顶特征

"圆顶"命令用于在各种类型的平面上生成一个圆顶。

选择"插入"→"特征"→"圆顶"命令，出现"圆顶"属性对话框，如图 4-65 所示，选择所需平面，设置适当的尺寸，即可生成圆顶造型。圆顶不仅可以在平面圆上生成，也可以在矩形或者其他形状的平面上生成。图 4-66 所示为常见的几种圆顶形式。

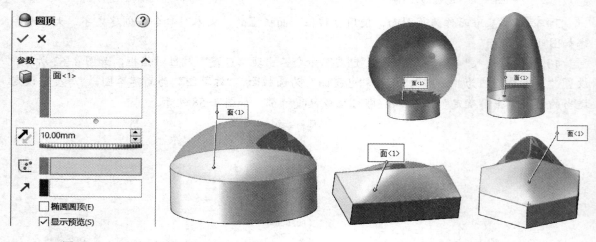

图 4-65　"圆顶"属性对话框及生成圆顶

图 4-66　常见的圆顶形式

4.7.3　简单直孔

"简单直孔"命令可以不用绘制草图，直接一步生成一个直孔。

选择"插入"→"特征"→"简单直孔"命令，出现"孔"属性对话框，如图 4-67 所示，选择所需打孔平面，直接用鼠标确定位置，设置适当的直径和长度，单击"确定"按钮✅，即可生成直孔，如图 4-68 所示。

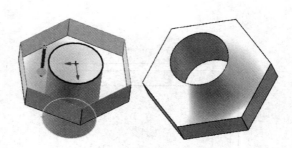

图 4-67 "孔"属性对话框　　　　　　　　　图 4-68 简单直孔的生成

4.7.4 压凹

"压凹"命令通过使用厚度和间隙值来生成压凹特征。压凹特征是在目标实体上生成与所选工具实体的轮廓非常接近的等距袋套或突起特征。下面以图 4-69 所示的水槽造型为例，介绍"压凹"命令的操作步骤。

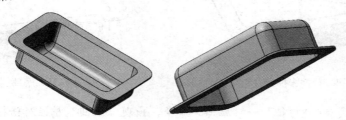

图 4-69 水槽

1）选择"上视基准面"作为草图面，绘制草图，如图 4-70 所示。

2）使用"拉伸凸台/基体"命令，给定拉伸高度为"10"，拉伸生成一个厚度为 10 的薄板造型，如图 4-71 所示。

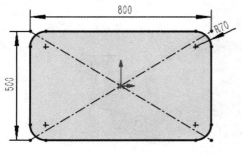

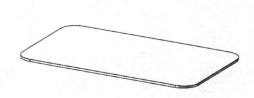

图 4-70 绘制草图 1　　　　　　　　　　图 4-71 拉伸薄板

3）选择薄板的上表面作为草图面，绘制草图，如图 4-72 所示。

4）使用"拉伸凸台/基体"命令，在弹出的"凸台-拉伸"属性对话框中，设置"方向"向下，"距离"为"200"，取消选中"合并结果"复选框，如图 4-73 所示，单击"确定"按钮 ✓，结果如图 4-74 所示。

5）使用"圆角"命令，对底部进行倒圆角，结果如图 4-75 所示。

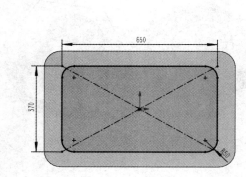

图 4-72　绘制草图 2

图 4-73　"凸台-拉伸"属性对话框

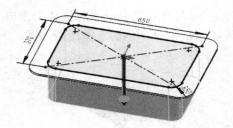

图 4-74　拉伸去掉合并结果

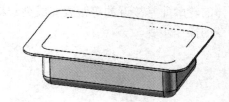

图 4-75　底部倒圆角

6）选择"插入"→"特征"→"压凹"命令，出现"压凹"属性对话框，选择薄板为"目标实体"，带圆角的长方体为"工具实体区域"，其他参数如图 4-76 所示，单击"确定"按钮 ✓，即可生成图 4-69 所示的水槽造型。

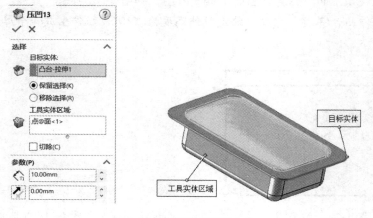

图 4-76　执行"压凹"命令

支座

4.8 综合实例：支座

按照图 4-77 所示的要求创建支座的三维实体造型。

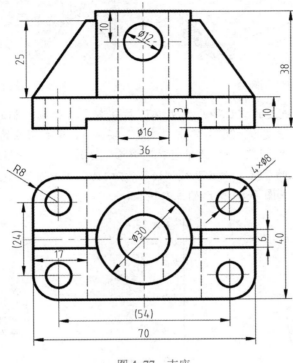

图 4-77 支座

1）选择前视基准面，绘制草图，如图 4-78 所示，单击绘图区右上角 "确认角" 中的 "草图" 按钮 ，退出草图。

2）单击 "特征" 面板上的 "拉伸凸台/基体" 按钮，选择绘制的草图，系统弹出 "凸台-拉伸" 属性对话框，设置深度为 "40"，方向为 "两侧对称"，单击 "确定" 按钮 ，生成底座的造型，如图 4-79 所示。

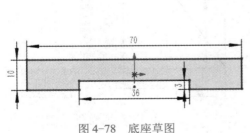

图 4-78 底座草图

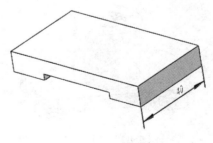

图 4-79 拉伸底座

3）单击 "特征" 面板上的 "圆角" 按钮 ，选择底座的四条棱线，设置 "等半径"，圆角半径为 "8"，单击 "确定" 按钮 ，生成图 4-80 所示的倒圆角实体。

4）选择底座的上表面作为草图面，绘制一个圆，如图 4-81 所示，单击绘图区右上角"确认角"中的"草图"按钮⤵，退出草图。

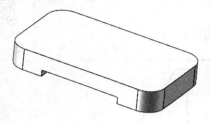

图 4-80　倒圆角

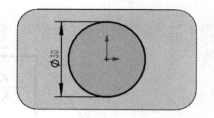

图 4-81　圆柱草图

5）单击"特征"面板上的"拉伸凸台/基体"按钮🗐，选择刚绘制的圆，系统弹出"凸台-拉伸"属性对话框，设置深度为"28"，单击"确定"按钮✓，生成圆柱的造型，如图 4-82 所示。

6）选择"插入"→"特征"→"简单直孔"命令，出现"孔"属性对话框，直接选择圆柱顶面，并捕捉圆心定位孔的位置，设置直径"16"，方向为"完全贯穿"，如图 4-83 所示，单击"确定"按钮✓，即可生成图 4-84 所示的主孔造型。

图 4-82　生成圆柱

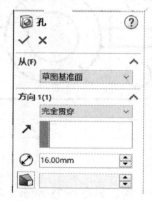

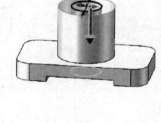

图 4-83　简单直孔

7）选择前视基准面，绘制图 4-85 所示的草图。单击绘图区右上角"确认角"中的"草图"按钮⤵，退出草图。

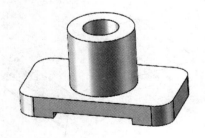

图 4-84　主孔造型

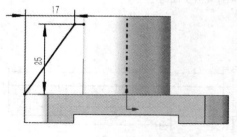

图 4-85　筋草图

8）单击"特征"面板上的"筋"按钮🗐，选择筋草图，设置筋厚度为"6"，方向朝实体方向，如图 4-86 所示，单击"确定"按钮✓，生成一侧筋特征，如图 4-87 所示。

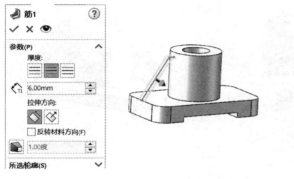

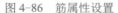

图 4-86　筋属性设置

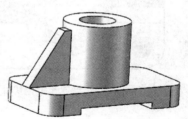

图 4-87　一侧筋特征

9）重复步骤 7）、8）的方法或者使用特征"镜像"命令（下一章讲解），生成另一侧筋特征，结果如图 4-88 所示。

10）单击"特征"面板上的"异型孔向导"按钮，单击"孔规格"选项下的"孔"按钮，如图 4-89 箭头所指，其他参数如图 4-89 设置。选择"位置"选项卡，然后选择"前视基准面"放置孔，并且按照图 4-90 所示设置定位尺寸，单击"确定"按钮，结果如图 4-91 所示。

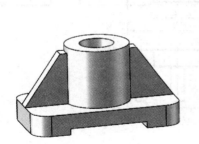

图 4-88　双侧筋特征

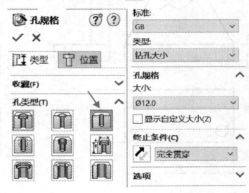

图 4-89　"孔规格"属性对话框

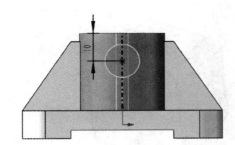

图 4-90　孔定位

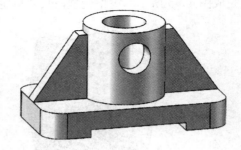

图 4-91　生成横孔

11）重复"异型孔向导"命令，在打开的"孔规格"属性对话框中，"大小"设为"φ8"，其他参数参见图 4-89。选择"位置"选项卡，然后选择底座的上表面放置孔，分别捕捉 4 个圆角的圆心，如图 4-92 所示，单击"确定"按钮，最终结果如图 4-93 所示。

111

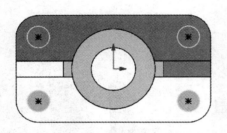

图 4-92　设置孔定位尺寸

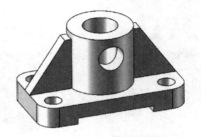

图 4-93　支座的三维实体造型

4.9　课后练习

1. 根据图 4-94 所示的二维工程图完成三维造型。

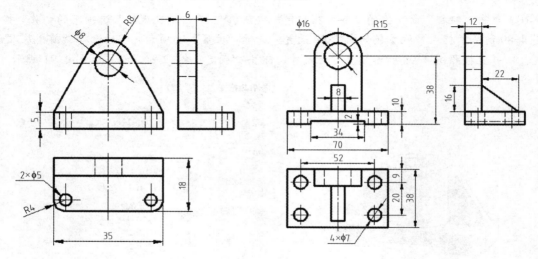

图 4-94　组合体

2. 完成图 4-95 所示的键帽造型，尺寸自定。

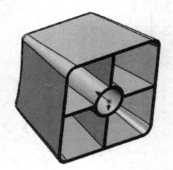

图 4-95　键帽造型

第5章　实体特征编辑

前面两章介绍的方法都是直接进行特征的创建，SolidWorks 2022 还提供了强大的特征编辑功能。特征编辑是指在不改变已有特征的基本形态下，对其进行整体的复制、缩放和更改的方法，包括阵列特征、镜像特征、复制与删除特征、属性编辑等命令。运用特征编辑工具，可以更方便更准确地完成零部件造型。

本章重点：
- 阵列特征
- 镜像特征
- 属性编辑

5.1　阵列特征

阵列特征是指将特征沿线性、圆周或者其他曲线进行均匀复制的操作。SolidWorks 2022 中的阵列特征包含多种方式，如图 5-1 所示，本节介绍一下常用的几种阵列方式。

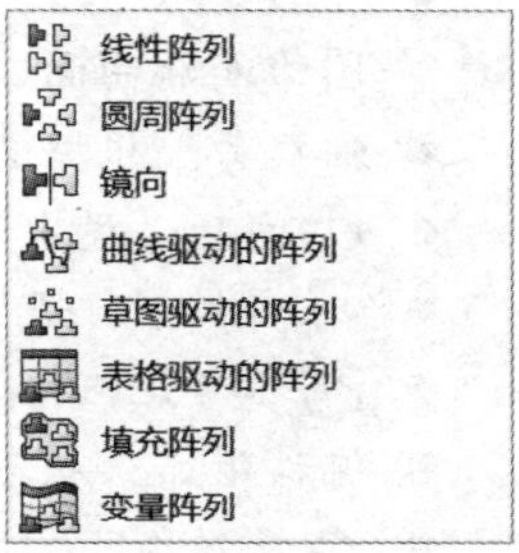

图 5-1　阵列的各种方式

5.1.1　线性阵列特征

线性阵列是指在一个方向或两个相互垂直的方向上生成的阵列特征。

单击"特征"面板中的"线性阵列"按钮，系统显示"线性阵列"属性对话框，如图 5-2 所示。

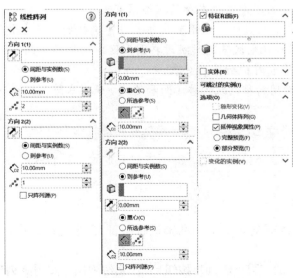

图 5-2　"线性阵列"属性对话框

阵列对象可以是特征、面或者实体。在"方向 1"选项组中，设置方向 1、间距和沿方向 1 的阵列数目；在"方向 2"选项组中，设置方向 2、间距和沿方向 2 的阵列数目；选择要阵列的特征、面或者实体。设置好各选项后，单击"确定"按钮 ✅，最终生成的线性阵列特征效果如图 5-3 所示。

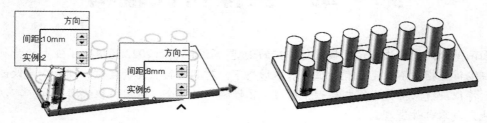

图 5-3　线性阵列示例

"线性阵列"属性对话框中相关选项的含义如下。

- 阵列方向：为方向 1 阵列设定方向。选择线性边线、直线、轴、尺寸、平面的面和曲面、圆锥面和曲面、圆形边线和参考平面。单独设置实例数和间距。
- 到参考：根据选定参考几何图形设定实例数和间距。
- 间距：设定阵列实例之间的间距。
- 实例数：设定阵列实例数。此数量包括原始特征或选择的面和实体。
- 参考几何体：设定控制阵列的参考几何图形。
- 偏移距离：从参考几何体设定上一个阵列实例的距离。
- 反转等距方向：反转从参考几何体偏移阵列的方向。
- 重心：计算从参考几何体到阵列特征重心的偏移距离。
- 所选参考：计算从参考几何体到选定源特征几何体参考的偏移距离。
- 要阵列的特征：使用选择的特征作为源特征来生成阵列。
- 要阵列的面：使用构成特征的面生成阵列。在图形区域选择特征的所有面，这对于只输入构成特征的面而不是特征本身的模型很有用。
- 要阵列的实体/曲面实体：使用多实体零件中选择的实体生成阵列。
- 可跳过的实例：在生成阵列时跳过在图形区中选择的阵列实例。
- 随形变化：允许重复时执行阵列更改。
- 几何体阵列：只使用特征的几何体（面和边线）来生成阵列，而不是阵列和求解特征的每个实例。
- 延伸视象属性：将颜色、纹理和装饰螺纹数据延伸给所有阵列实例。

📖 阵列方向（1 和 2）可选择模型边线。阵列方向可通过"反转等距方向"选项来调整。

5.1.2　圆周阵列特征

圆周阵列是指阵列特征绕着一个基准轴进行特征复制，主要用于圆周方向特征均匀分布的情形。

单击"特征"面板中的"圆周阵列"按钮 ，系统弹出"圆周阵列"属性对话框，如图 5-4 所示。

在"圆周阵列"属性对话框中，设置阵列轴、阵列的角度和阵列数目，选择要阵列的特征，设置好各选项后，单击"确定"按钮 ✅ ，最终生成的圆周阵列特征效果如图 5-5 所示。

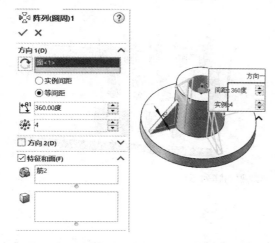 

图 5-4 "圆周阵列"属性对话框　　　　　图 5-5 圆周阵列特征效果

5.1.3 曲线驱动的阵列特征

曲线驱动的阵列是指特征沿着指定曲线的方向进行特征复制。下面以一个实例来介绍"曲线驱动的阵列"命令的执行步骤。

1）创建一个平板特征，然后在其上创建一个小圆柱。在平板表面绘制一条曲线草图，如图 5-6 所示。

2）单击"特征"面板中的"曲线驱动的阵列"按钮 🔲 ，系统弹出"曲线驱动的阵列"属性对话框，如图 5-7 所示。选择曲线为方向 1，指定数量为"3"，选中"等间距"复选框；方向 2 选择边线，指定数量为"5"，选择小圆柱为"要阵列的特征"，其他参数默认，单击"确定"按钮 ✅ ，即可完成图 5-8 所示的阵列特征。

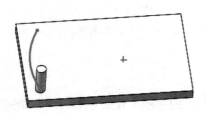 

图 5-6 曲线草图　　　　　　　　図 5-7 "曲线驱动的阵列"属性对话框

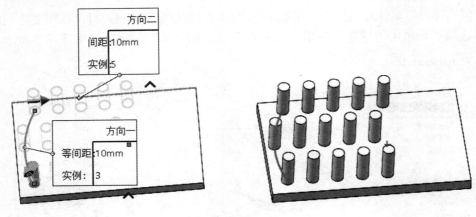

图 5-8　曲线驱动阵列示例

5.1.4　草图驱动的阵列特征

草图驱动的阵列是指特征沿着草图给定的关键点进行特征复制。下面以一个实例来介绍"草图驱动的阵列"命令的执行步骤。

1）创建一个圆盘特征，并在其上创建一个小柱体。然后在平板表面绘制一个由若干关键点组成的草图，如图 5-9 所示。

2）单击"特征"面板中的"草图驱动的阵列"按钮 ，系统弹出"由草图驱动的阵列"属性对话框，如图 5-10 所示。选择新绘的草图为关键草图，选择小柱体为"要阵列的特征"，其他参数默认，单击"确定"按钮 ，即可完成图 5-9 所示的阵列特征。

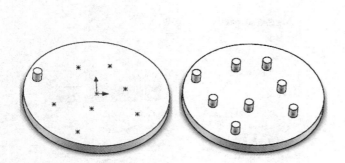

图 5-9　由草图驱动的阵列示例

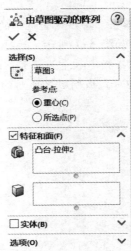

图 5-10　"由草图驱动的阵列"属性对话框

5.1.5　填充阵列

通过填充阵列特征，可以选择平面定义的区域或位于面上的草图，使用不同的阵列布局类型来填充定义的区域。

下面以一个实例来讲述命令的执行步骤。

创建一个薄板特征，并且在薄板中心打一个小孔，如图 5-11 所示。

单击"特征"面板中的"填充阵列"按钮，系统弹出"填充阵列"属性对话框，如图 5-12 所示。

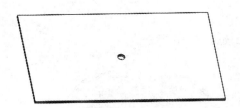

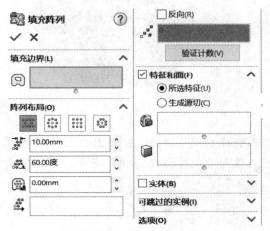

图 5-11　薄板和小孔　　　　　　　　　图 5-12　"填充阵列"属性对话框

填充阵列的"阵列布局"有 4 种方式。

● 穿孔：为钣金穿孔式阵列生成网格。
● 圆形：生成圆周形阵列。
● 方形：生成方形阵列。
● 多边形：生成多边形阵列。

4 种阵列布局示例如图 5-13 所示，读者可自行设置参数尝试。

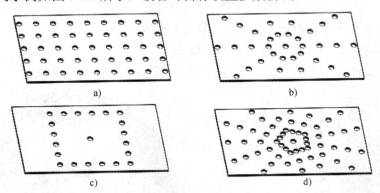

图 5-13　填充阵列示例

a) 穿孔　b) 圆形　c) 方形　d) 多边形

5.1.6　实例：轮毂

创建图 5-14 所示的轮毂造型，尺寸自定。

图 5-14　轮毂造型

1）选择前视基准面，绘制图 5-15 所示草图 1。

2）使用"旋转凸台/基体"命令，旋转生成实体，如图 5-16 所示。

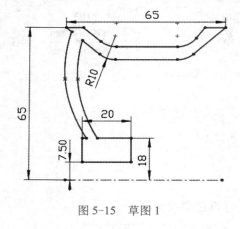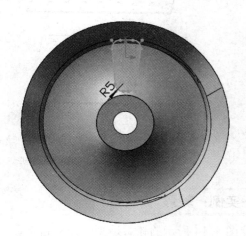

图 5-15　草图 1

图 5-16　旋转生成实体

3）新建平行于右视基准面的新基准面，位置如图 5-17 所示。

4）在新建基准面上绘制图 5-18 所示的草图 2。

图 5-17　新建基准面

图 5-18　草图 2

5）使用"拉伸切除"命令，切除生成实体，如图 5-19 所示。

6）使用"圆周阵列"命令，选择主轴线为阵列轴，个数为"8"，生成阵列特征，如图 5-20 所示。

图 5-19   拉伸切除

图 5-20   阵列特征

7）使用"异型孔向导"命令，生成"柱形沉头孔"大小和位置如图 5-21 所示。

8）使用"圆周阵列"命令，选择主轴线为阵列轴，个数为"5"，生成孔的阵列特征，如图 5-22 所示。

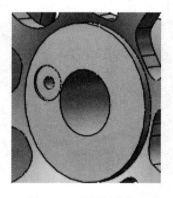

图 5-21   柱形沉头孔

图 5-22   生成孔的阵列特征

适当进行圆角处理，最终结果如图 5-14 所示。

5.2   镜像特征

镜像特征是以基准面为参考生成镜像复制命令，一般用于零件上对称的结构。

5.2.1   镜像特征的创建

镜像后的特征与原始特征相关联，如果原始特征被更改或者删除，则镜像复制也会相应更新，镜像特征不能直接修改。

单击"特征"面板中的"镜像"按钮，系统显示"镜像"属性对话框，如图 5-23 所示。

在"镜像"属性对话框中，指定镜像面；选取一个或多个要镜像的特征，设置好各选项后，单击"确定"按钮 ✅，即可完成镜像特征操作，示例如图 5-24 所示。

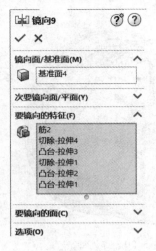

图 5-23 "镜像"属性对话框

图 5-24 镜像特征

5.2.2 实例：万向节主动轭

创建图 5-25 所示的万向节主动轭，尺寸见步骤中。

图 5-25 万向节主动轭

1）选择上视基准面，绘制草图 1，形状及尺寸如图 5-26 所示。

2）使用"拉伸基体/凸台"命令，拉伸深度设置为"10"，生成实体，如图 5-27 所示。

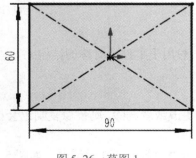

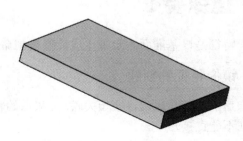

图 5-26 草图 1

图 5-27 拉伸实体 1

3）选择长方体的底面作为草图面，绘制一个圆作为草图 2，如图 5-28 所示。

4）使用"拉伸基体/凸台"命令，拉伸深度设置为"30"，生成实体，如图 5-29 所示。

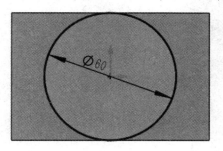

图 5-28　草图 2

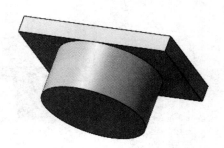

图 5-29　拉伸实体 2

5）选择圆柱体的底面作为草图面，绘制草图 3，即图 5-30 所示箭头所指的带键槽的圆。

6）使用"拉伸切除"命令，拉伸深度设置为"完全贯穿"，生成主孔，如图 5-31 所示。

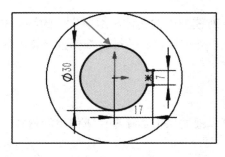

图 5-30　草图 3

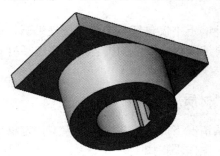

图 5-31　生成主孔

7）选择长方体的侧面作为草图面，绘制草图 4，如图 5-32 所示。

8）使用"拉伸凸台/基体"命令，拉伸深度设置为"15"，生成一侧连接耳，如图 5-33 所示。

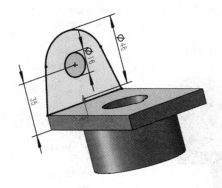

图 5-32　草图 4

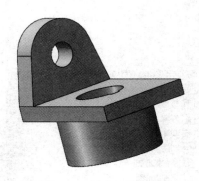

图 5-33　生成一侧连接耳

9）选择"镜像"命令，然后选择右视基准面为镜像面，将一侧的连接耳进行镜像处理，如图 5-34 所示，即可完成万向节主动轭的造型。

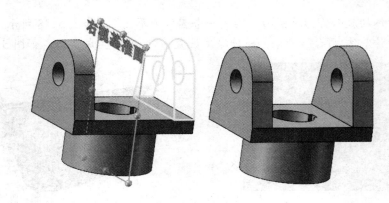

图 5-34　镜像实体

5.3　属性编辑

属性编辑不仅包括整个模型属性编辑，还包括对模型中的实体和组成实体的特征进行编辑。属性编辑涉及很多方面的内容，主要包括材质属性、外观属性、特征参数修改、修改特征创建顺序和信息统计等方面。

5.3.1　材质属性

默认情况下，系统并没有为模型指定材质，可以根据加工实际零件所使用的材料，为模型指定材质，操作步骤如下。

1）打开任意一个零件，如图 5-35 所示。

2）在设计树中选择"材质"选项，如图 5-35 箭头所示。

3）右击"材质"选项，弹出图 5-36 所示的快捷菜单，选择"可锻铸铁"选项，查看赋予材质后的模型。

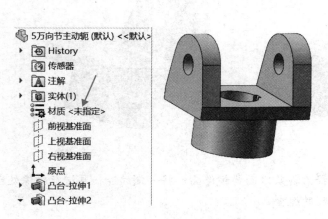

图 5-35　零件及设计树

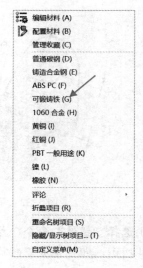

图 5-36　"材质"的右键菜单

4）如需编辑修改材料，选择设计树中的"可锻铸铁"选项并右击，在弹出的快捷菜单中选择"编辑"选项，弹出图 5-37 所示的"材料"对话框，选择新材料，例如"灰铸铁"，单击"应用"和"关闭"按钮可查看赋予新材质后的模型。

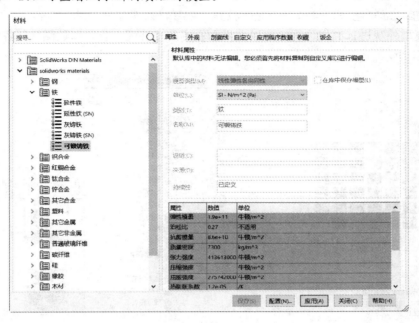

图 5-37 "材料"对话框

5.3.2 外观属性

无论是模型，还是实体或单个特征，都可以修改其表面的外观属性，如需修改颜色，操作步骤如下。

1）单击设计树中的"显示管理"按钮，然后双击材料处，或者单击"前导视图工具栏"中的，如图 5-38 所示，系统弹出图 5-39 所示的"cast iron"属性对话框。

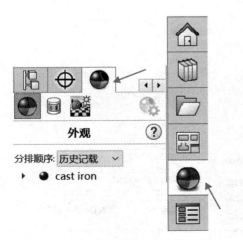

图 5-38 设计树及前导视图工具栏

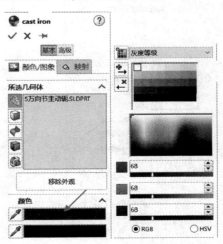

图 5-39 "cast iron"属性对话框

2）在"cast iron"属性对话框的"所选几何体"选项组中，可以分别选择不同的零件、面、实体或特征来修改不同的颜色。

3）单击"颜色"选项组中的"主要颜色"框，如图 5-39 箭头所指处，弹出图 5-40 所示的"颜色"对话框，选择色块，单击"确定"按钮，即可修改实体的颜色。

如需对模型外观进行高级设置，可以在界面右侧的"外观、布景和贴图"任务窗格中进行设置，如图 5-41 所示。

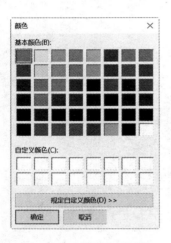

图 5-40 "颜色"对话框

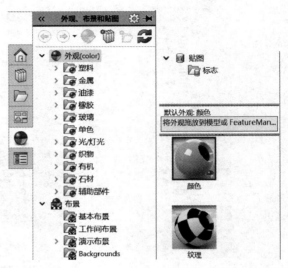

图 5-41 "外观、布景和贴图"任务窗格

5.3.3 特征属性

对于已经建立的特征可以修改特征的名称、说明和压缩等属性，操作步骤如下。

在设计树中右击特征，弹出图 5-42 所示的快捷菜单，选择"特征属性"命令，弹出图 5-43 所示的"特征属性"对话框。在"特征属性"对话框中可以修改"名称""说明"等内容。

图 5-42 特征快捷菜单

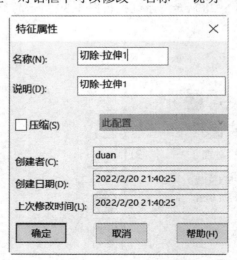

图 5-43 "特征属性"对话框

"特征属性"对话框中各选项的含义如下。

● 名称：所选特征的名称。

● 说明：用于对特征做进一步的解释或注释。

● 压缩：选中该复选框后，表示当前特征将被压缩。是将对象（包括特征和零件等）暂时从当前环境中消除，从而降低模型的复杂程度，提高操作速度。

● 创建者：创建特征者的名称。

● 创建日期：创建特征的日期和时间。

● 上次修改时间：最后保存零件的日期和时间。

5.3.4 特征参数的修改

特征创建完成后，可以对特征的参数或草图进行修改。

在设计树中选择要修改的特征，则在绘图区的实体模型中显示了该特征的几何参数，如图 5-44 所示。双击要修改的尺寸参数，激活"修改"对话框，修改尺寸，单击 ✔ 按钮即可。

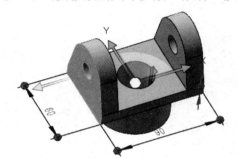
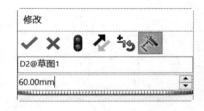

图 5-44　修改特征参数

选择要修改的特征，在该特征的上方出现一些快捷选项，如图 5-45 所示。分别选择相应的选项即可进行特征和草图的编辑修改。表 5-1 列出了快捷选项的含义。

图 5-45　快捷选项

表 5-1　快捷选项明细

按钮	说明	按钮	说明
	编辑特征		选择其他
	编辑草图		草图绘制
	打开工程图		隐藏
	压缩		放大所选范围
	退回		正视于
	编辑外观		圆角
	复制外观		倒角

5.4　综合实例：泵体

根据图 5-46 所示的泵体工程图，创建三维造型。

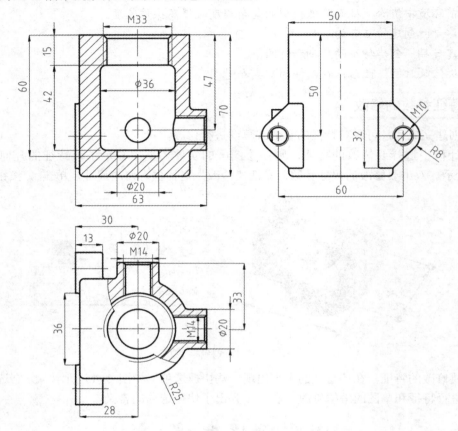

图 5-46　泵体

图 5-46 没有提供轴测图作为参考，需要读者先运用机械制图课上所学的读图法进行形体分析。本例分为主体部分和局部部分来依次造型。

1．主体部分造型

1）单击"新建"按钮 ，选择零件模块。

2）选择"上视基准面"绘制图 5-47 所示的草图，单击绘图区右上角"确认角"中的"草图"按钮，退出草图。

3）单击"特征"面板上的"拉伸凸台/基体"按钮，打开"凸台-拉伸"属性对话框，选择"给定深度"方式，输入距离为"70"，单击"确定"按钮，生成图 5-48 所示的实体。

4）从"特征"面板上选择"基准面"按钮，第一参考选择左侧平面，距离设置为"2"，单击"确定"按钮，完成基准面创建，如图 5-49 所示。

5）选择新建基准面作为草图面，绘制图 5-50 所示的草图，单击绘图区右上角"确认角"中的"草图"按钮，退出草图。

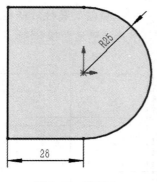

图 5-47　草图 1

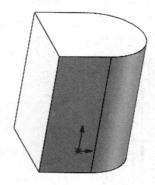

图 5-48　拉伸实体

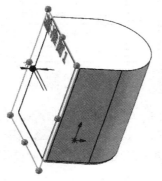

图 5-49　新建基准面 1

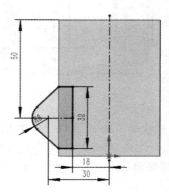

图 5-50　草图 2

6）单击"特征"面板上的"拉伸凸台/基体"按钮，打开"凸台-拉伸"属性对话框，选择"给定深度"方式，输入距离为"13"，单击"确定"按钮 ✅，生成图 5-51 所示的一侧耳状实体。

7）单击"特征"面板上的"镜像"按钮，打开"镜像"属性对话框，选择"前视基准面"为镜像面，一侧耳状实体为要镜像的特征，单击"确定"按钮 ✅，生成图 5-52 所示的另一侧耳状实体。

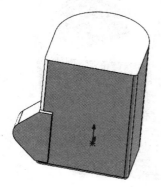

图 5-51　一侧耳状实体

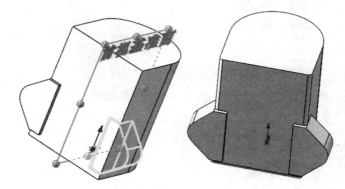

图 5-52　镜像耳状实体

2. 局部部分造型

1）选择"前视基准面"作为草图面，绘制图 5-53 的草图，单击绘图区右上角"确认角"中的"草图"按钮 ↵，退出草图。

泵体-2

127

2）单击"特征"面板上的"旋转切除"按钮，打开"切除-旋转"属性对话框，选择图 5-53 箭头所指的竖直直线作为"旋转轴"，旋转角度为"360"，单击"确定"按钮 ✅，生成如图 5-54 所示的内部空腔。

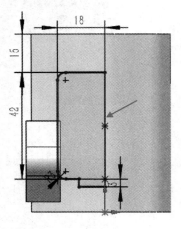

图 5-53 草图 3

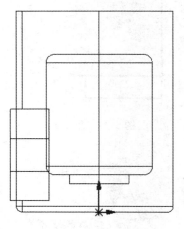

图 5-54 内部空腔

3）单击"特征"面板上的"异型孔向导"按钮，打开"孔规格"属性对话框，孔类型选择"螺纹孔"，大小设为"M33"，其他相关设置如图 5-55 所示。打开"位置"选项卡，选择顶面作为放置面并捕捉圆弧的圆心定位，单击"确定"按钮 ✅，完成顶部螺纹孔的造型，如图 5-56 所示。

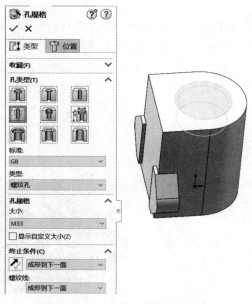

图 5-55 "孔规格"属性对话框

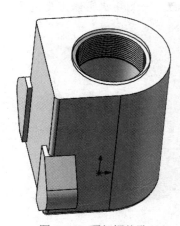

图 5-56 顶部螺纹孔

4）在"特征"面板上单击"基准面"按钮，第一参考选择耳状实体的外侧面，距离设置为"63"，单击"确定"按钮 ✅，完成基准面创建，如图 5-57 所示。

5）选择新建基准面绘制图 5-58 所示的草图，单击绘图区右上角"确认角"中的"草图"按

钮 ，退出草图。

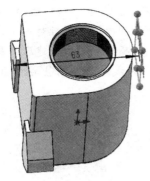

图 5-57　新建基准面 2

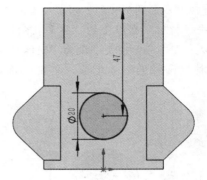

图 5-58　草图 4

6）单击 "特征" 面板上的 "拉伸凸台/基体" 按钮，打开 "凸台-拉伸" 属性对话框，选择草图 4，选择 "成形到下一面" 方式，单击 "确定" 按钮 ，生成图 5-59 所示的凸台造型。

7）单击 "特征" 面板上的 "异型孔向导" 按钮，打开 "孔规格" 属性对话框，参数设置和第 3）步类似，只是将直径大小设为 "M14"。打开 "位置" 选项卡，选择新建凸台上平面作为放置面并捕捉圆弧的圆心定位，单击 "确定" 按钮 ，完成凸台上螺纹孔的造型，如图 5-60 所示。

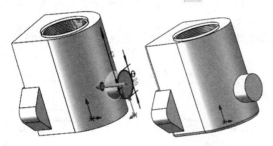

图 5-59　凸台造型

图 5-60　凸台上的螺纹孔

8）单击 "特征" 面板上的 "基准面" 按钮，第一参考选择 "前视基准面"，距离设置为 "33"，方向向后，单击 "确定" 按钮 ，完成基准面创建，如图 5-61 所示。

9）选择新建基准面做草图面，绘制图 5-62 所示的草图，单击绘图区右上角 "确认角" 中的 "草图" 按钮 ，退出草图。

图 5-61　新建基准面 3

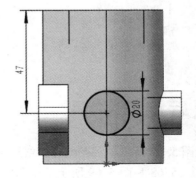

图 5-62　草图 5

10）单击"特征"面板上的"拉伸凸台/基体"按钮，打开"凸台-拉伸"属性对话框，选择草图 5，再选择"成形到下一面"方式，单击"确定"按钮 ✓，生成图 5-63 所示的后侧凸台造型。

11）单击"特征"面板上的"异型孔向导"按钮，打开"孔规格"属性对话框，参数设置和第 3）步类似，只是将直径大小设为"M14"，打开"位置"选项卡，选择新建后侧凸台上平面作为放置面并捕捉圆弧的圆心定位，单击"确定"按钮 ✓，完成后侧凸台上螺纹孔的造型，如图 5-64 所示。

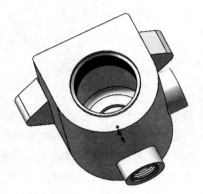

图 5-63　后侧凸台

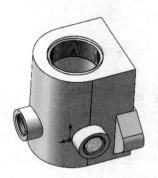

图 5-64　后侧凸台螺纹孔

12）重复"异型孔向导"命令，生成泵体左侧两个 M10 的螺纹孔，过程不再赘述，结果如图 5-65 所示。

13）单击"特征"面板中的"圆角"命令按钮，设置适当的圆角半径，选择需倒圆角的边，单击"确定"按钮 ✓，最终结果如图 5-66 所示。

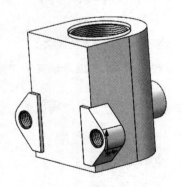

图 5-65　左侧两小螺纹孔

图 5-66　最终结果

5.5　课后练习

1. 根据图 5-67 所示轴测图创建三维造型。
2. 根据图 5-68 和图 5-69 所示工程图创建三维造型。

扩展：蒸屉

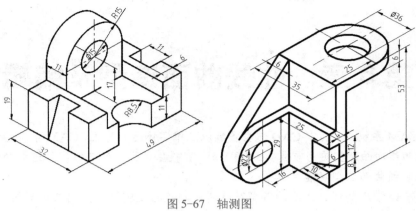

图 5-67　轴测图

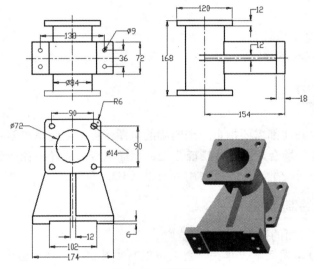

图 5-68　工程图 1

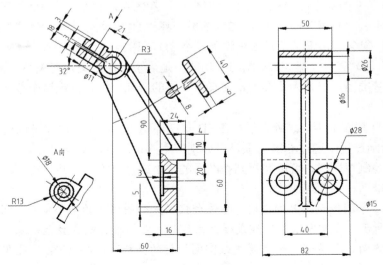

图 5-69　工程图 2

第6章 曲线曲面造型及编辑

在 CAD/CAM 系统中，其中 CAD 造型多数以三维实体造型为主，CAM 系统造型为了描述刀具轨迹，三维曲线曲面造型更为重要。SolidWorks 在提供了强大的三维实体造型功能的同时，也提供了丰富的曲线曲面造型功能。

本章主要介绍常用曲线、曲面的造型及编辑，以及与之密切相关的三维草图。

本章重点：

● 三维草图
● 常用曲线的创建及编辑
● 常用曲面的创建及编辑

6.1 三维草图

二维（2D）草图绘制前都需要指定一个明确的草图平面，主要是在创建三维实体时作为基础草图来使用，但是在有些场合，例如，扫描路径、扫描引线、放样路径或放样的引导线等，往往需要三维的曲线才能完成造型，此时就要用到三维（3D）草图。

6.1.1 三维草图的绘制步骤

绘制 3D 草图可按下面的操作步骤进行。

1）在开始绘制 3D 草图之前，单击"前导视图"工具栏上的"视图定向"按钮，在其下拉列表中单击"等轴测"按钮，如图 6-1 所示。

2）单击"草图"面板上的"3D 草图"按钮，系统默认打开一张 3D 草图。或者先选择一个基准面，然后单击"草图"面板上的"3D 草图"按钮，或者选择"草图"面板上的"基准面上的 3D 草图"命令，在正视于视图中添加一个 3D 草图。

"基准面上的 3D 草图"是 3D 草图的子功能，是为了方便定义几何关系。也就是说绘制 3D 草图可以不需要基准面，但是为了准确定义某个草图的一部分，就设定这个草图是在已知的某基准面上。

3D 草图与 2D 草图的不同之处在于：在 3D 草图环境中绘制草图时，可以捕捉主要方向（X、Y 或 Z），并且绘制过程中通过右键选项可以分别应用约束沿 X、沿 Y 和沿 Z，如图 6-2 所示。

在基准面上绘制草图时，可以捕捉到基准面的水平或垂直方向，并且约束将应用于水平和垂直。这些是对基准面、平面等的约束。

3）在使用 3D 草图绘制工具绘图时，系统会提供一个图形化的助手（即空间控标）帮助保持方向，如图 6-3 所示。在空间绘制直线或样条曲线时，空间控标就会显示出来。使用空间控标也可以沿坐标轴的方向进行绘制，如果要更改空间控标的坐标系，按〈Tab〉键即可。

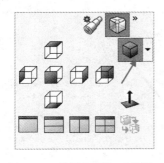

图 6-1 "前导视图"工具栏

图 6-2 右键选项

图 6-3 空间控标

4) 单击绘图区右上角 "确认角" 中的 "草图" 按钮 $\sqcup_{\curvearrowleft}$，即可退出 3D 草图。

6.1.2 实例：躺椅

绘制 3D 草图一般需要有比较清晰的空间想象力，为了清楚地描述其绘制的方法步骤，以图 6-4 所示的躺椅为例来简单介绍 3D 草图的绘制过程。

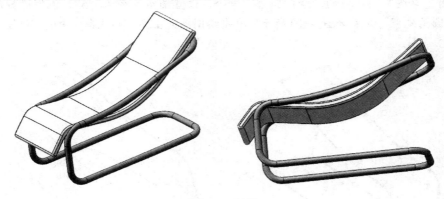

图 6-4 躺椅

1. 绘制 3D 草图

1) 单击 "前导视图" 工具栏上的 "标准视图" 按钮，在其下拉列表中选择 "右视图" 按钮，切换到右视图方向。

2) 单击 "草图" 面板上的 "3D 草图" 按钮 $\boxed{\text{3D}}$，然后选择 "直线" 命令，单击坐标原点为起始点，绘制图 6-5 所示的草图，图中尺寸仅供参考。

3) 适当切换视角，单击 "草图" 面板上的 "3D 实体" 按钮 $\boxed{\Box^{\Box}}$，框选前面绘制的所有图线，选中 "保留几何关系" 复选框，将 X 增量设为 "20"，如图 6-6 所示，单击 "确定" 按钮 $\checkmark$，结果如图 6-7 所示。

4) 选择 "直线" 命令，按〈Tab〉键切换到 ZX 绘图面，鼠标指针跟随变化，如图 6-8 所示；捕捉两条线的上下各自端点，进行相连，如图 6-9 所示。

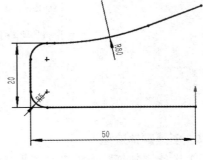

图 6-5 绘制草图

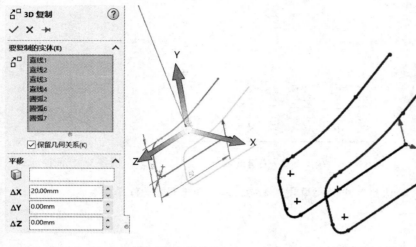

图 6-6 "3D 复制"属性对话框   图 6-7 复制实体结果   图 6-8 切换绘图面

5）使用"草图"面板中的"绘制圆角"命令，设置圆角半径为"5"，依次选择所有直角的两图线进行圆角处理，结果如图 6-10 所示，单击绘图区右上角"确认角"中的"草图"按钮 ，即可退出 3D 草图。

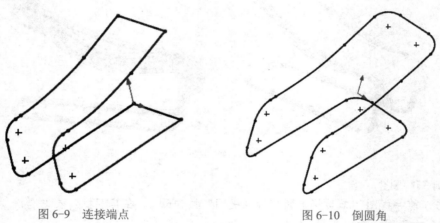

图 6-9 连接端点   图 6-10 倒圆角

倒圆角时，系统会有个提示窗口弹出，如图 6-11 所示，单击"是"按钮即可。

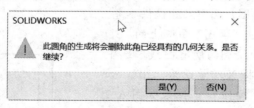

图 6-11 倒圆角提示窗口

2. 创建躺椅造型

1）选择"特征"面板中的"基准面"命令，新建一个和右视基准面平行，距离为"10"的基准面，如图 6-12 所示。

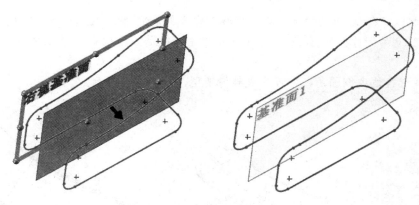

图 6-12　新建基准面

2）选择新建基准面作为草图面，绘制一个小圆，直径φ2，如图 6-13 所示，单击绘图区右上角"确认角"中的"草图"按钮，退出草图。

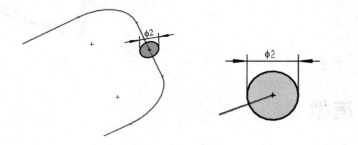

图 6-13　绘制小圆

📖 提示：如果截面为圆，可省略 1）、2）步。

3）选择"特征"面板中的"扫描"命令，系统弹出"扫描"属性对话框，选择小圆作为轮廓，3D 草图作为路径，单击"确定"按钮✔，生成图 6-14 所示的躺椅框架。

4）选择刚才创建的新建基准面作为草图面，绘制草图，如图 6-15 所示，单击绘图区右上角"确认角"中的"草图"按钮，退出草图。

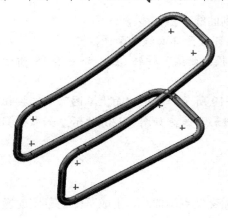

图 6-14　躺椅框架

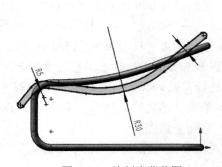

图 6-15　绘制座背草图

5）选择"特征"面板中的"拉伸凸台/基体"命令，系统弹出"凸台-拉伸"属性对话框，设置距离为"20"，"两侧对称"，如图 6-16 所示，单击"确定"按钮 ✓，生成图 6-17 所示的躺椅座背。

6）对座背进行适度倒圆角，即可完成躺椅造型，如图 6-4 所示。

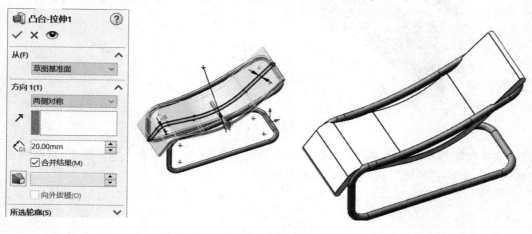

图 6-16　对称拉伸　　　　　　　　　　　　图 6-17　躺椅座背

6.2　曲线造型

曲线造型是曲面造型的基础，本节主要介绍常用的几种生成曲线的方法，包括投影曲线、组合曲线、螺旋线和涡状线、分割线以及样条曲线等。

6.2.1　投影曲线

将绘制的曲线投影到模型面上来生成一条 3D 曲线。也可以用另一种方法生成曲线，首先在两个相交的基准面上分别绘制草图，此时系统会将每一个草图沿所在平面的垂直方向投影得到一个曲面，最后这两个曲面在空间中相交生成一条 3D 曲线。

1. 面上草图

SolidWorks 可以将草图曲线投影到模型面上得到曲线，操作步骤如下。

1）在基准面或模型面上，生成一个包含一条闭环或开环曲线的草图。

2）单击"特征"面板上"曲线"工具栏中的"投影曲线"按钮 ▥，如图 6-18 所示，或选择"插入"→"曲线"→"投影曲线"命令。

3）系统弹出"投影曲线"属性对话框，如图 6-19 所示，选中"面上草图"单选按钮，然后选择草图和目标面，此时在图形区中显示所得到的投影曲线，如图 6-20 所示。如果投影的方向错误，选择"反转投影"复选框改变投影方向。

4）单击"确定"按钮 ✓，即可生成投影曲线。

2. 草图上草图

草图上草图是指生成代表草图自两个相交基准面交叉点的曲线，生成草图上草图的操作步骤如下。

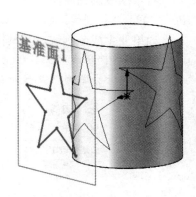

图 6-18 "曲线"工具栏　　图 6-19 "投影曲线"属性对话框-面上草图　　　图 6-20 面上草图

1）在"上视基准面"上绘制一个草图 1，如图 6-21 所示；在"前视基准面"上绘制一个草图 2，如图 6-22 所示。这两个草图轮廓所隐含的拉伸曲面必须相交，才能生成投影曲线，完成后关闭每个草图。

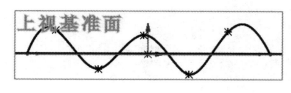

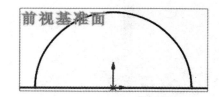

图 6-21　草图 1　　　　　　　　　　　　　　图 6-22　草图 2

2）单击"特征"面板上"曲线"工具栏中的"投影曲线"按钮▦，或选择"插入"→"曲线"→"投影曲线"命令。

3）系统弹出"投影曲线"属性对话框，如图 6-23 所示，选中"草图上草图"单选按钮，然后选择两草图，此时在图形区显示所得到的投影曲线，如图 6-24 所示。

4）单击"确定"按钮✓，即可生成投影曲线。

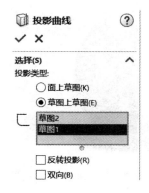

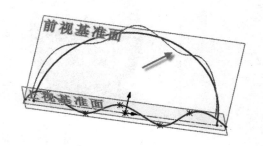

图 6-23 "投影曲线"属性对话框-草图上草图　　　图 6-24　草图上草图示例

6.2.2 分割线

将草图投影到曲面、平面或曲面实体，可以将所选的面分割为多个分离的面，从而允许选取每一个面。"分割线"命令可以进行分割线放样、分割线拔模等操作。

如果要生成分割线，其具体操作步骤如下。

1）单击"曲线"工具栏上的"分割线"按钮 🗊，或选择"插入"→"曲线"→"分割线"命令，出现"分割线"属性对话框，如图 6-25 所示。

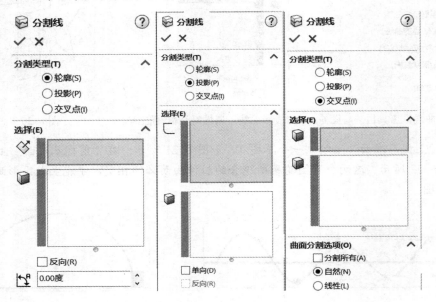

图 6-25 "分割线"属性对话框

2）在"分割类型"选项组中，选择"轮廓""投影"和"交叉点"中的一种类型。

3）设置参数，就会出现分割曲线的预览。

4）单击"确定"按钮 ✅，生成分割曲线。

图 6-26～图 6-28 为 3 种分割类型形成的分割线。

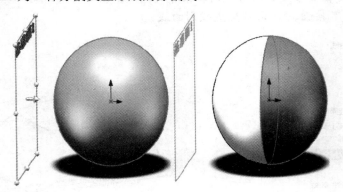

图 6-26 轮廓方式

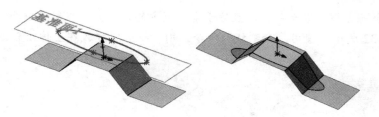

图 6-27　投影方式

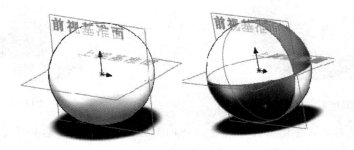

图 6-28　交叉点方式

6.2.3　实例：茶杯

创建图 6-29 所示的茶杯，尺寸自定。

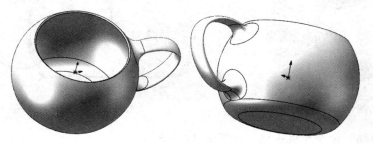

图 6-29　茶杯

1）选择前视基准面，绘制草图 1，如图 6-30 所示。

2）使用"旋转凸台/基体"命令，生成旋转实体，如图 6-31 所示。

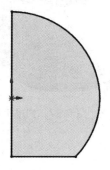

图 6-30　草图 1

图 6-31　旋转实体

3）创建一个与上视基准面平行，且位于主体上方的基准面，在新基准面上绘制一个圆作为草图 2，如图 6-32 所示。使用"分割线"命令，用"投影"方式在主体上创建一条分割线，如图 6-33 所示。

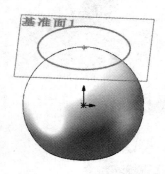

图 6-32　草图 2

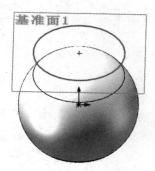

图 6-33　创建分割线

4）对底部用适当尺寸倒圆角，然后使用"抽壳"命令，设置适当的厚度，选择分割线上方的曲面为开口平面，生成抽壳实体，如图 6-34 所示。

5）选择适当的基准面，绘制路径草图及截面草图（具体方法见前面章节），如图 6-35 和图 6-36 所示。

图 6-34　抽壳

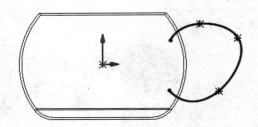

图 6-35　手柄路径草图

6）使用"扫描"命令生成手柄，如图 6-37 所示。

7）进行适当倒圆角，最终结果如图 6-29 所示。

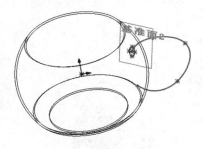

图 6-36　手柄截面草图

图 6-37　扫描手柄

6.2.4　组合曲线

"组合曲线"命令可以将首尾相连的曲线、草图线和模型的边线组合为单一的曲线，经常用来生成放样或扫描的引导曲线。生成组合曲线的步骤如下。

1）单击"曲线"工具栏上的"组合曲线"按钮 ，或选择"插入"→"曲线"→"组合曲线"命令，此时会出现图 6-38 所示的"组合曲线"属性对话框。

2）在图形区中选择要组合的曲线、直线或模型边线（这些线段必须连续），则所选项目在"组合曲线"属性对话框的"要连接的实体"列表中显示出来。

3）单击"确定"按钮 ✔，即可生成组合曲线，如图 6-39 所示。

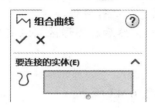

图 6-38 "组合曲线"属性对话框

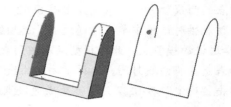

图 6-39 组合曲线

6.2.5 通过 XYZ 点的曲线

通过 XYZ 点的曲线是根据系统坐标系，分别给定曲线上若干点的坐标系，系统通过对这些点进行平滑过渡而形成的曲线。

坐标点可以通过手工输入，也可以通过外部文本文件给定并读入到当前文件中。利用通过 XYZ 点的曲线可以建立复杂的曲线，如函数曲线。

要想自定义样条曲线通过的点，可采用下面的操作。

1）单击"曲线"工具栏上的"通过 XYZ 点的曲线"按钮 ↺，或选择"插入"→"曲线"→"通过 XYZ 点的曲线"命令，弹出图 6-40 所示的"曲线文件"对话框，在该对话框中输入自由点空间坐标，同时在图形区中预览生成的样条曲线。

2）当在最后一行的单元格中双击时，系统会自动增加一行。如果要在一行的上面再插入一个新的行，只在单击该行，然后单击"插入"按钮即可。

3）如果要保存曲线文件，单击"保存"或"另存为"按钮，然后指定文件的名称（扩展名为.sldcrv）即可。

4）单击"确定"按钮，即可按输入的坐标位置生成三维样条曲线，如图 6-41 所示。

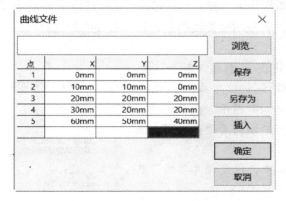

图 6-40 "曲线文件"对话框

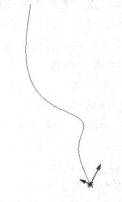

图 6-41 生成三维样条曲线

除了在"曲线文件"对话框输入坐标来定义曲线外，SolidWorks 2022 还可以将在文本编辑器、Excel 等应用程序中生成的坐标文件（扩展名为.sldcrv 或.txt）导入到系统，从而生成样条曲线。

6.2.6 通过参考点的曲线

生成一条通过位于一个或多个平面上的点的曲线，称为通过参考点的曲线，其操作步骤如下。

1）单击"曲线"工具栏上的"通过参考点的曲线"按钮🗂，或选择"插入"→"曲线"→"通过参考点的曲线"命令，系统弹出图 6-42 所示的"曲线"属性对话框。

2）在该属性对话框中单击"通过点"选项组中的列表框，然后在图形区按照要生成曲线的次序来选择通过的模型点，此时模型点在该列表框中显示。

3）如果想要将曲线封闭，选择"闭环曲线"复选框。

4）单击"确定"按钮✔，即可生成通过点的曲线，如图 6-43 所示。

图 6-42 "曲线"属性对话框

图 6-43 通过点的曲线

6.2.7 螺旋线和涡状线

螺旋线和涡状线通常用于绘制螺纹、弹簧等零部件，在生成这些零部件时，可以应用由"螺旋线／涡状线"工具生成的螺旋或涡状曲线作为路径或引导线。用于生成空间的螺旋线或者涡状线的草图必须只包含一个圆，该圆的直径将控制螺旋线的直径和涡状线的起始位置。

要生成一条螺旋线，操作步骤如下。

1）单击"曲线"工具栏上的"螺旋线/涡状线"按钮🧵，或选择"插入"→"曲线"→"螺旋线/涡状线"命令，出现"螺旋线/涡状线"属性对话框，如图 6-44 所示，提示需绘制一个草图圆以定义螺旋线横断面，绘制好草图圆后退出草图，属性对话框变为图 6-45 所示。

2）在"螺旋线/涡状线"属性对话框中，设定相关参数，其中定义方式如图 6-46 所示。

● 螺距和圈数：指定螺距和圈数。

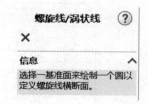

图 6-44 "螺旋线／涡状线"属性对话框（初始）

- 高度和圈数：指定螺旋线的总高度和圈数。
- 高度和螺距：指定螺旋线的总高度和螺距。
- 涡状线：用于生成涡状线。

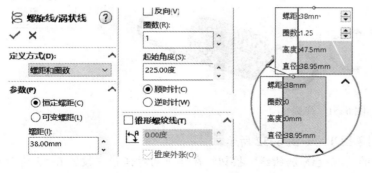
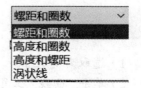

图 6-45　"螺旋线／涡状线"属性对话框　　　　　　图 6-46　几种定义方式

3）单击"确定"按钮，即可生成螺旋线/涡状线。

图 6-47～图 6-50 为螺旋线/涡状线的几种常见生成方式的属性对话框及示例图。

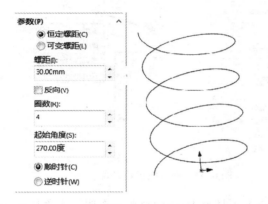
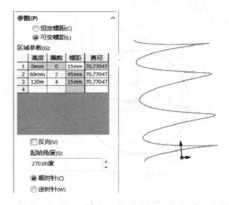

图 6-47　恒定螺距　　　　　　　　　　　　　　　图 6-48　可变螺距

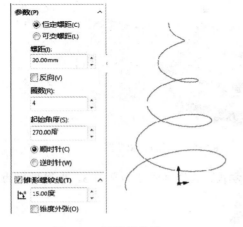
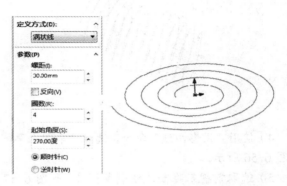

图 6-49　圆锥螺旋线　　　　　　　　　　　　　　图 6-50　涡状线

弹簧

6.2.8 实例：弹簧

创建图 6-51 所示的弹簧，尺寸见步骤中。

图 6-51 弹簧

1）选取右视基准面，绘制草图 1，如图 6-52 所示。

2）单击"曲线"工具栏中的"螺旋线/涡状线"按钮，在弹出的对话框中按图 6-53 所示的参数进行设置，完成螺旋线造型，如图 6-54 所示。

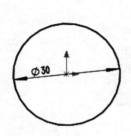

图 6-52 草图 1

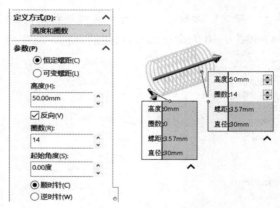

图 6-53 螺旋线参数设置

3）分别在右视基准面和上视基准面上绘制一个半径为 15 的四分之一个圆，注意起点都要与螺旋线端点重合，如图 6-55 所示。

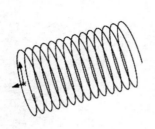

图 6-54 螺旋线

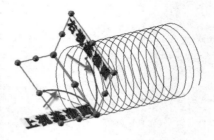

图 6-55 草图 2 和草图 3

4）使用"投影曲线"命令，选取"草图上草图"方式，选择草图 2 和草图 3，生成投影曲线，如图 6-56 所示。

5）选取前视基准面，绘制草图 4，如图 6-57 所示。

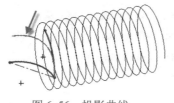

图 6-56　投影曲线

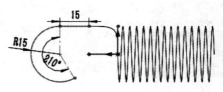

图 6-57　草图 4

6）在螺旋线的另一端用相同的方式绘制草图，然后使用"组合曲线"命令，依次选择绘制好的各段曲线，组合成一条完整曲线，如图 6-58 所示。

7）使用"基准面"命令，选择组合曲线和其中一端点作为参考，生成新基准面，并绘制一个直径为 2 的小圆作为截面草图，如图 6-59 所示。

8）使用"扫描"命令，选取小圆为截面，组合曲线为路径，生成扫描实体，最终结果如图 6-51 所示。

图 6-58　组合曲线

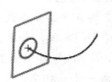

图 6-59　截面草图

6.3　曲面造型

"曲面"面板并不出现在 SolidWorks 2022 的默认界面中，在面板工具栏的索引栏上右击，系统弹出图 6-60 所示的快捷菜单，选择"曲面"选项，即可打开"曲面"面板，如图 6-61 所示。

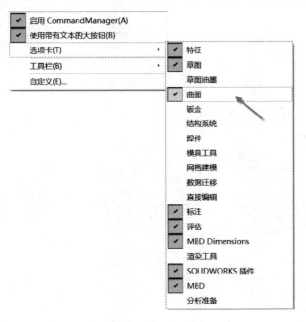

图 6-60　右键快捷菜单

图 6-61　"曲面"面板

本节主要介绍 SolidWorks 2022 中常用曲面的创建方法。

6.3.1　平面区域

"平面区域"命令的作用是使用草图或一组边线来生成平面区域。可以由以下图素生成平面区域。

- 非相交闭合草图。
- 一组闭合边线。
- 多条共有平面分型线。
- 一对平面实体，如曲线或边线。

下面介绍生成平面区域的操作步骤。

1）生成一个非相交、单一轮廓的闭环草图。

2）单击"曲面"面板上的"平面区域"按钮，或选择"插入"→"曲面"→"平面区域"命令，系统弹出图 6-62 所示的"平面"属性对话框。

3）在该属性对话框中激活"边界实体"选项卡，然后在图形区中选择零件上的一组闭环边线（注意：所选的组中所有边线必须位于同一基准面上），或者选择一个封闭的草图环。单击"确定"按钮，即可生成平面区域，如图 6-63 所示。

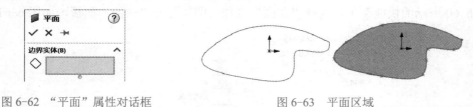

图 6-62　"平面"属性对话框　　　　　图 6-63　平面区域

图 6-64 为常见的几种平面区域的样式。

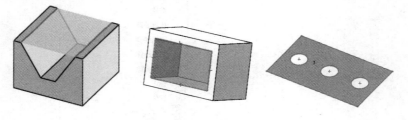

图 6-64　常见平面区域的样式

6.3.2　拉伸曲面

拉伸曲面的造型方法和实体特征造型中的对应方法相似，不同点在于曲面拉伸操作的草图对象可以封闭也可以不封闭，生成的是曲面而不是实体。拉伸曲面的操作步骤如下。

1）绘制一个草图。

2）单击"曲面"面板上的"拉伸曲面"按钮 ，或选择"插入"→"曲面"→"拉伸曲面"命令，系统弹出图 6-65 所示的"曲面-拉伸"属性对话框。

3）设置拉伸方向和拉伸距离，如果有必要，可以设置双向拉伸，单击"确定"按钮 ，生成拉伸曲面，如图 6-66 所示。

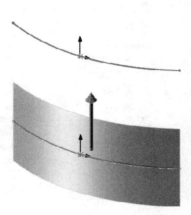

图 6-65　"曲面-拉伸"属性对话框　　　　　　　图 6-66　生成拉伸曲面

6.3.3　旋转曲面

旋转曲面的造型方法和实体特征造型中的对应方法相似，旋转曲面的操作步骤如下。

1）绘制一个草图，如果草图中包括中心线，旋转曲面时旋转轴可以被自动选定为中心线；如果没有中心线，则需手动选择旋转轴。

2）单击"曲面"面板上的"旋转曲面"按钮 ，或选择"插入"→"曲面"→"旋转曲面"命令，系统弹出图 6-67 所示的"曲面-旋转"属性对话框。

3）设置旋转轴和旋转角度，单击"确定"按钮 ，生成旋转曲面，如图 6-68 所示。

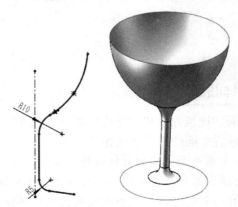

图 6-67　"曲面-旋转"属性对话框　　　　　　　图 6-68　生成旋转曲面

6.3.4　扫描曲面

扫描曲面的方法同扫描特征的生成方法十分类似，可以通过引导线扫描。在扫描曲面中最重要的一点，就是引导线的端点必须贯穿轮廓图元。扫描曲面的操作步骤如下。

1）绘制路径草图，然后定义与路径草图垂直的基准面，并在新基准面上绘制轮廓草图。

2）单击"曲面"面板上的"扫描曲面"按钮 ，或选择"插入"→"曲面"→"扫描曲面"命令，系统弹出图6-69所示的"曲面-扫描"属性对话框。

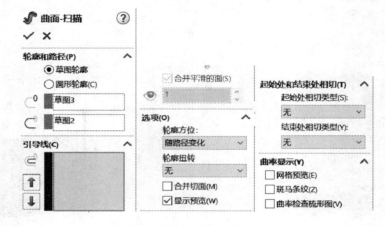

图6-69　"曲面-扫描"属性对话框

3）依次选择轮廓草图和路径草图，其他选项和实体扫描里类似，可以在"轮廓方位"下拉列表框中选择随路径变化、保持法向不变、随路径和第一条引导线变化及随第一条和第二条引导线变化等。如果需要沿引导线扫描曲面，则激活"引导线"选项组，然后在图形区中选择引导线。进行相关设定后，单击"确定"按钮 ，生成扫描曲面，如图6-70所示。

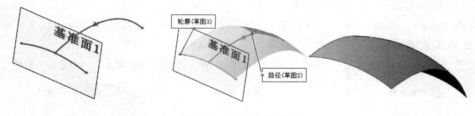

图6-70　生成扫描曲面

6.3.5　放样曲面

放样曲面的造型方法和实体特征造型中的对应方法相似，是通过曲线之间进行过渡而生成曲面的方法。放样曲面的操作步骤如下。

1）在一个基准面上绘制放样轮廓草图。

2）依次建立另外几个基准面，并在上面依次绘制另外的放样轮廓草图。这几个基准面不一定平行。如有必要还可以生成引导线来控制放样曲面的形状。

3）单击"曲面"面板上的"放样曲面"按钮 ，或选择"插入"→"曲面"→"放样曲面"命令，系统弹出图 6-71 所示的"曲面-放样"属性对话框。

4）依次选择截面草图，其他选项和实体放样里类似，进行相关设定后，单击"确定"按钮 ，生成放样曲面，如图 6-72 所示。

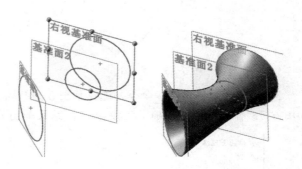

图 6-71　"曲面-放样"属性对话框　　　　　　　图 6-72　生成放样曲面

6.3.6 实例：苹果

利用"扫描曲面"和"放样曲面"命令创建图 6-73 所示的苹果造型，尺寸自定。

图 6-73　苹果

1）选择上视基准面，分别绘制草图 1 和草图 2，如图 6-74 和图 6-75 所示（尺寸仅供参考）。

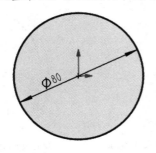
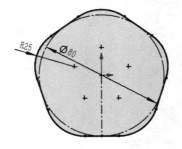

图 6-74　草图 1　　　　　　　　　图 6-75　草图 2

2）选择"右视基准面"，绘制草图 3，如图 6-76 所示，注意箭头所指两处要稍留间隙，约束图 6-77 箭头所指点与草图 1 或草图 2 为"穿透"。

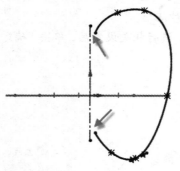

图 6-76 草图 3

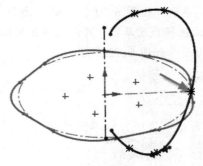

图 6-77 "穿透"约束

3）使用"扫描曲面"命令，选择草图 3 为"轮廓"，草图 1 为"路径"，草图 2 为"引导线"，如图 6-78 所示，单击"确定"按钮 ✅，结果如图 6-79 所示。

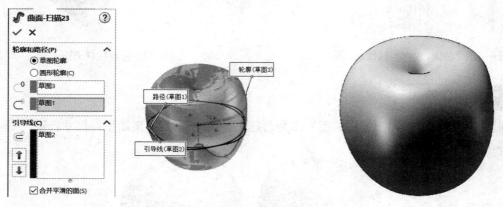

图 6-78 扫描曲面

图 6-79 扫描结果

4）选择"前视基准面"作为草图面，绘制苹果柄的路径草图，如图 6-80 所示。

5）分别在草图 4 的两端新建基准面绘制两个小圆作为草图 5 和草图 6，如图 6-81 所示。

6）使用"放样曲面"命令，选择草图 5、草图 6 为"轮廓"，草图 4 为"引导线"，单击"确定"按钮 ✅，结果如图 6-82 所示。最终结果如图 6-73 所示。

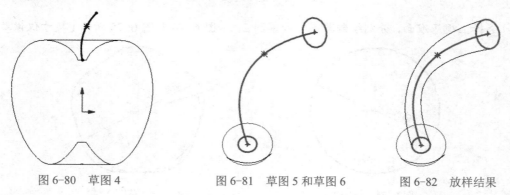

图 6-80 草图 4

图 6-81 草图 5 和草图 6

图 6-82 放样结果

6.3.7 填充曲面

"填充曲面"命令可以在模型的边线、草图或曲线边界内形成带任意边数的曲面修补，通常用于填补模型的"破面",或在模具应用中用于填补一些孔,或应用于工业造型设计。

创建填充曲面的操作步骤如下。

1)准备好需用于填充曲面的草图或者曲面造型。

2)单击"曲面"面板上的"填充曲面"按钮 ，或选择"插入"→"曲面"→"填充曲面"命令,系统弹出"曲面填充"属性对话框,如图 6-83 所示。

3)根据欲生成的填充曲面类型设定属性对话框中的相应选项,单击"确定"按钮 ，生成填充曲面。

图 6-84 所示为相触方式的填充曲面,图 6-85 所示为相切方式的填充曲面。

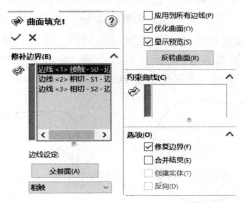

图 6-83 "曲面填充"属性对话框

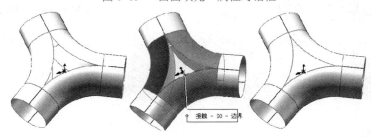

图 6-84 填充曲面(相触)

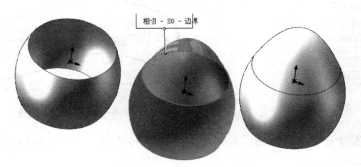

图 6-85 填充曲面(相切)

6.3.8 实例:曲面鼠标

创建图 6-86 所示的曲面鼠标,尺寸自定。

图 6-86　曲面鼠标

1）选择"上视基准面"，绘制草图 1，如图 6-87 所示(尺寸仅供参考)。

2）将视角切换到"上视"，使用"3D 草图"命令，使用"样条曲线"命令绘制草图 2，注意图 6-88 箭头所指两处要过对称线并和竖直中心线相切，适当切换视角，逐个选择样条线的关键点，修改 Y 坐标的数值，如图 6-89 所示。然后选择"前视基准面"为镜像面，将样条线镜像复制，结果如图 6-90 所示，注意 3D 草图需要封闭。

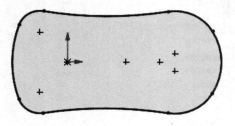

图 6-87　草图 1

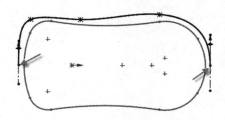

图 6-88　草图 2

图 6-89　修改 Y 坐标数值

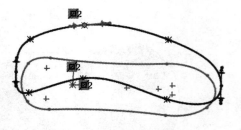

图 6-90　3D 草图完成

3）选择前视基准面作为草图面，分别绘制草图 3 和草图 4，如图 6-91 和图 6-92 所示。

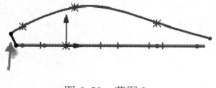

图 6-91　草图 3

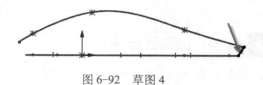

图 6-92　草图 4

4）使用"曲面放样"命令，选择草图 1 和 3D 草图 2 作为"轮廓"，草图 3 和草图 4 作为"引导线"，如图 6-93 所示，生成放样曲面，如图 6-94 所示。

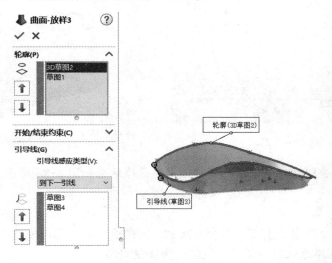

图 6-93　曲面放样设置

5）选择"前视基准面"作为草图面，绘制草图 5，如图 6-95 所示。

图 6-94　曲面放样结果　　　　　　　　　　图 6-95　草图 5

6）使用"填充曲面"命令，以 3D 草图 2 为"修补边界"，草图 5 为"约束曲线"，如图 6-96 所示，生成填充曲面，如图 6-97 所示。

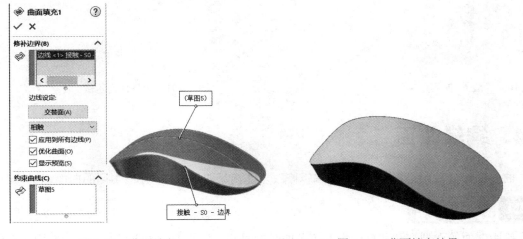

图 6-96　曲面填充　　　　　　　　　　图 6-97　曲面填充结果

7）选择"上视基准面"为草图面，绘制草图 6，如图 6-98 所示。

8）选择"插入"→"曲线"→"分割线"命令，用草图 6 将曲面分割，如图 6-99 所示。

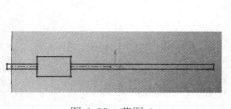

图 6-98　草图 6

图 6-99　分割线结果

9）使用"外观管理"命令，调整鼠标颜色，最终结果如图 6-86 所示。

6.3.9　边界曲面

"边界曲面"命令可用于生成在两个方向上（曲面所有边）相切或曲率连续的曲面。大多数情况下，这样产生的结果比放样工具产生的结果质量更高。

1）单击"曲面"面板上的"边界曲面"按钮 ◆，或选择"插入"→"曲面"→"边界曲面"命令，系统弹出"边界-曲面"属性对话框，如图 6-100 所示。

2）依次选择准备好的用于创建边界曲面的曲线，单击"确定"按钮 ✓，即可完成边界曲面，如图 6-101 所示。

图 6-100　"边界-曲面"属性对话框

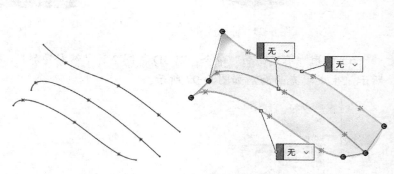

图 6-101　边界曲面示例

6.4　编辑曲面

曲面创建以后，往往需要进一步编辑修改才能满足要求，本节介绍常用的曲面编辑修改命令。

6.4.1　等距曲面

等距曲面的造型方法和草图中的等距曲线的对应方法相似，对于已经存在的曲面（不论是模型的轮廓面还是生成的曲面），都可以像等距曲线一样生成等距曲面。生成等距曲面的操作步骤如下。

1）单击"曲面"面板上的"等距曲面"按钮 ⬚，或选择"插入"→"曲面"→"等距曲面"命令，系统弹出"等距曲面"属性对话框，如图 6-102 所示。

2）选择需等距的曲面，并且指定等距距离，单击"确定"按钮 ⬚，即可完成等距曲面，如图 6-103 所示。

图 6-102 "等距曲面"属性对话框

图 6-103 等距曲面

6.4.2 延展曲面

"延展曲面"命令可以将分型线、边线、一组相邻的内张或外张边线延长一段距离，并在从边线开始到指定距离的范围内建立曲面。延展曲面在拆模时最常用。当零件进行模塑，产生公母模之前，必须先生成模块与分模面，延展曲面就用来生成分模面。

延展曲面的操作步骤如下。

1）选择"插入"→"曲面"→"延展曲面"命令，系统弹出"曲面-延展"属性对话框，如图 6-104 所示。

2）选择用于确定延展方向的基准面，然后选择要延展的边线。注意图形区中的箭头方向（指示延展方向），如有错误，单击"反向"按钮 ⬚。

3）指定延展距离，如果希望曲面继续沿零件的切面延伸，选择"沿切面延伸"复选框。

4）单击"确定"按钮 ⬚，生成延展曲面，如图 6-105 所示。

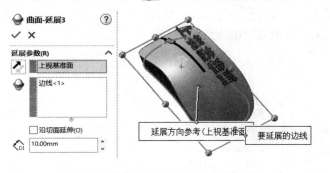

图 6-104 "曲面-延展"属性对话框

图 6-105 延展曲面

6.4.3 延伸曲面

"延伸曲面"命令可以在现有曲面的边缘，沿着切线方向，以直线或随曲面的弧度产生附加的曲面。

延伸曲面的操作步骤如下。

1）单击"曲面"面板上的"延伸曲面"按钮，或选择"插入"→"曲面"→"延伸曲面"命令，系统弹出"延伸曲面"属性对话框，如图 6-106 所示，属性对话框中各参数含义如下。

- 距离：指定延伸曲面的距离。
- 成形到某一点：延伸曲面到选择的某一点。
- 成形到某一面：延伸曲面到选择的面。
- 同一曲面：沿曲面的几何体延伸曲面。
- 线性：沿边线相切于原来曲面来延伸曲面。

2）设置好相关参数，单击"确定"按钮，生成延伸曲面，如图 6-107 所示。

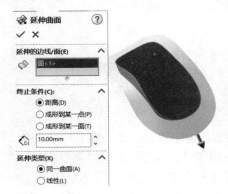

图 6-106　"延伸曲面"属性对话框　　　　图 6-107　延伸曲面

6.4.4　缝合曲面

"缝合曲面"命令是将相连的两个或多个曲面连接成一体，缝合后的曲面不影响用于生成它们的曲面。空间曲面经过剪裁、拉伸和圆角等操作后，可以自动缝合，而不需要进行缝合曲面操作。

如果要将多个曲面缝合为一个曲面，可以采用下面的操作。

1）单击"曲面"面板上的"缝合曲面"按钮，或选择"插入"→"曲面"→"缝合曲面"命令，系统弹出"缝合曲面"属性对话框，如图 6-108 所示。

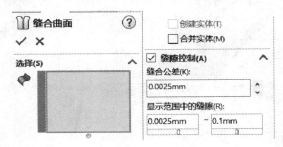

图 6-108　"缝合曲面"属性对话框

2）在图形区中选择要缝合的面，如果需要，可以修改"缝合公差"，单击"确定"按钮，完成曲面的缝合。

缝合后的曲面外观没有任何变化，但是多个曲面已经可以作为一个实体来选择和操作了。

6.4.5 剪裁曲面

"剪裁曲面"命令是指采用布尔运算的方法在一个曲面与另一个曲面、基准面或草图交叉处修剪曲面，或者将曲面与其他曲面相互修剪的工具。

如果要剪裁曲面可以采用下面的操作。

1）打开一个将要剪裁的曲面文件，如图 6-109a 所示。

2）单击"曲面"面板上的"剪裁曲面"按钮，或选择"插入"→"曲面"→"剪裁"命令，系统弹出"剪裁曲面"属性对话框，如图 6-110 所示。

3）在"剪裁类型"选项组中选择剪裁类型。

● 标准：使用曲面作为剪裁工具，在曲面相交处剪裁曲面。

● 相互：将两个曲面作为互相剪裁的工具。

4）设置好其他选项，单击"确定"按钮，完成曲面的缝合。

图 6-109b、图 6-109c 为两种剪裁类型的效果。

a)　　　　　　　　b)　　　　　　　　c)

图 6-109　剪裁曲面

a) 剪裁前　b) 相互剪裁　c) 标准剪裁

图 6-110　"剪裁曲面"属性对话框

6.4.6 移动 / 复制曲面

"移动 / 复制曲面"命令是平移、旋转和复制曲面的操作。在 SolidWorks 2022 中"移动 / 复制曲面"与"移动／复制实体"的属性对话框相同，均以"移动／复制实体"命名。

移动／复制曲面的操作步骤如下。

1）选择"插入"→"曲面"→"移动／复制"命令，系统弹出"移动／复制实体"属性对话框，如图 6-111a 所示。

2）单击对话框下方的"平移/旋转"按钮，会弹出"平移"和"旋转"对话框，如图 6-111b 和图 6-111c 所示。选择需要操作的曲面，"复制"复选框用于设定是移动还是复制方式，平移时可以给定平移方向或者坐标值；旋转时可以指定旋转中心点或者旋转轴，然后给定旋转角度。

3）设定完成后，单击"确定"按钮 ，完成移动/复制曲面。

图 6-112 所示为两种方式的示例。

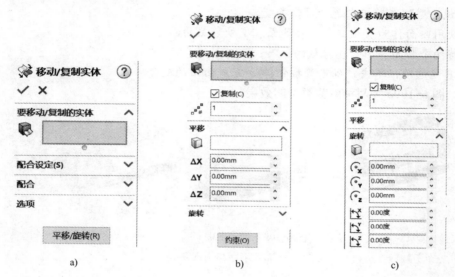

图 6-111 "移动／复制实体"属性对话框

a) 主对话框　b) 平移对话框　c) 旋转对话框

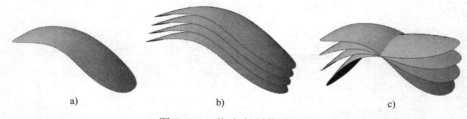

图 6-112 移动/复制曲面示例

a) 原始面　b) 平移复制　c) 旋转复制

6.4.7 删除面

"删除面"命令可以从曲面实体或实体中删除一个面，并同时自动进行修补。删除面的操作步骤如下。

1）单击"曲面"面板上的"删除面"按钮 ，或选择"插入"→"面"→"删除"命令，系统弹出"删除面"属性对话框，如图 6-113 所示。

2）选择需删除的面，如果选中"删除"单选按钮，将删除所选曲面；如果选中"删除并修补"单选按钮，则在删除曲面的同时，对删除曲面后的曲面进行自动修补；如果选中"删除并填补"单选按钮，则在删除曲面的同时，对删除曲面后的曲面进行单一面自动填补。图 6-114 为示例原始图，图 6-115 为"删除""删除并修补"的效果，图 6-116 为删除并填补的效果。

3）设定完成后，单击"确定"按钮 ✅，完成删除面操作。

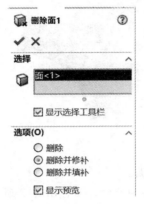

图 6-113　"删除面"属性对话框

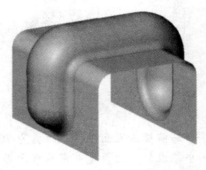

图 6-114　原始图

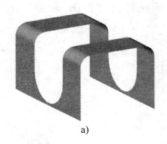

a)

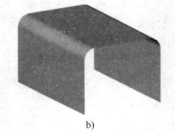

b)

图 6-115　删除曲面

a) 删除　b) 删除并修补

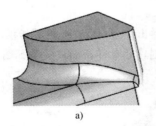

a)

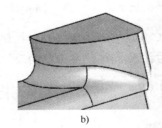

b)

图 6-116　删除并填补

a) 删除并填补前　b) 删除并填补后

6.5　综合实例

本节以两个实例来综合练习一下曲线曲面的相关命令。

6.5.1 实例：三通

三通

创建图 6-117 所示的三通，尺寸见步骤中。

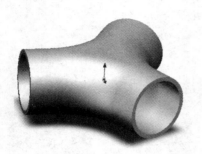

图 6-117　三通

1）创建一个与前视基准面平行，距离为 70 的新基准面。

2）创建一个基准轴，位置是前视基准面与右视基准面的交线，如图 6-118 所示。

3）在新基准面上绘制一个直径ϕ80 的圆作为草图，如图 6-119 所示。

4）单击"曲面"面板上的"拉伸曲面"按钮，系统弹出"曲面-拉伸"属性对话框，深度设置为"40"，生成拉伸曲面，如图 6-120 所示。

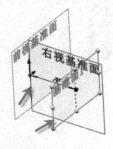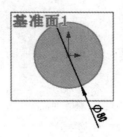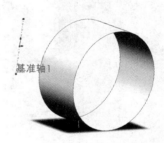

图 6-118　新基准面及新基准轴　　　图 6-119　草图　　　　　图 6-120　拉伸曲面

5）单击"特征"面板上的"分割线"按钮，系统弹出"分割线"属性对话框，如图 6-121 所示，"拔模方向"选择右视基准面，"要分割的面"选择刚创建的拉伸曲面，结果如图 6-122 所示。

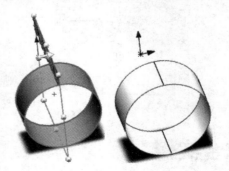

图 6-121　"分割线"属性对话框　　　图 6-122　分割曲面

6）使用"特征"面板上的"圆周阵列"命令，系统弹出"阵列（圆周）"属性对话框，按照如图 6-123 所示进行设置，结果如图 6-124 所示。

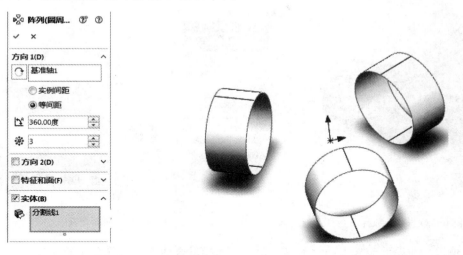

图 6-123 "阵列（圆周）"属性对话框　　　　　　　　图 6-124　阵列结果

7）使用"曲面"面板上的"放样曲面"命令，系统弹出"曲面-放样"属性对话框，选择两相邻拉伸曲面的外侧轮廓线，按照图 6-125 所示进行设置，其他参数保持默认，结果如图 6-126 所示。

图 6-125 "曲面-放样"属性对话框　　　　　　　　图 6-126　曲面放样结果

8）重复上一步的曲面放样操作，生成剩余部分的放样造型，结果如图 6-127 所示。

9）选择"曲面"面板上的"曲面填充"命令，系统弹出"曲面填充"属性对话框，选择图 6-128 箭头所指 3 条边线，适当设置其他参数，如图 6-128 所示，完成曲面填充。

10）用相同的方式，填充另一侧。

11）使用"曲面"面板上的"缝合曲面"命令，选择所有曲面，缝合成一个整体。

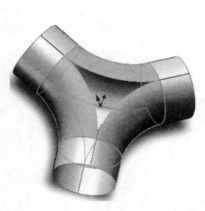

图 6-127　完成放样

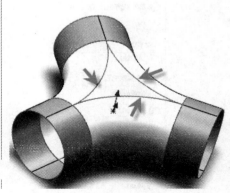

图 6-128　曲面填充

12）使用"曲面"面板上的"加厚"命令，选择缝合曲面，设置合适的厚度，即可完成三通的造型，最终结果如图 6-117 所示。

6.5.2　实例：智能马桶

创建图 6-129 所示的智能马桶曲面造型，图中尺寸仅供参考。

智能马桶

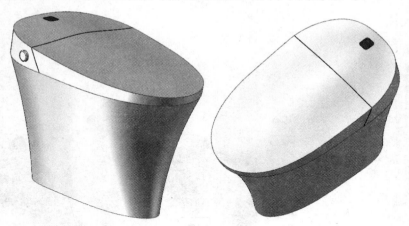

图 6-129　智能马桶曲面造型

如果有智能马桶的三视图图片，可以作为绘制草图的参考，方法如下：选择草图绘制面，进入草图环境，选择"工具"→"草图工具"→"草图图片"命令，再选择需参考的图片，系统会弹出"草图图片"属性对话框，如图 6-130 所示，可以修改参数以调整图片的大小和角度，然后根据绘图区的图片就可以绘制草图了，如图 6-131 所示。

1）选择上视基准面，绘制草图 1，注意两端点处应约束与竖直的构造线相切，使用"镜像"命令生成另一半，如图 6-132 所示。

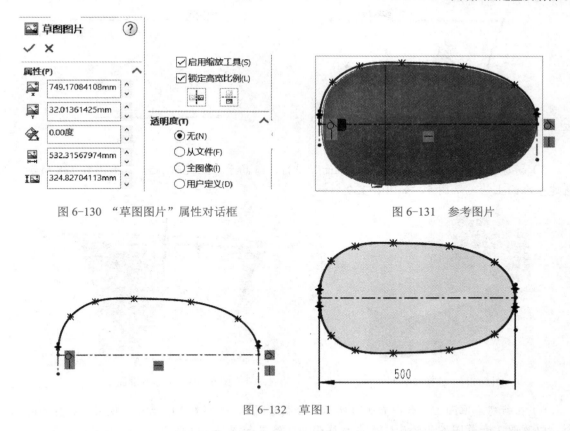

图 6-130　"草图图片"属性对话框　　　　图 6-131　参考图片

图 6-132　草图 1

2）新建一个基准面，与"上视基准面"平行，距离大概是马桶座的高度，如图 6-133 所示。在新建基准面上绘制草图 2，如图 6-134 所示。

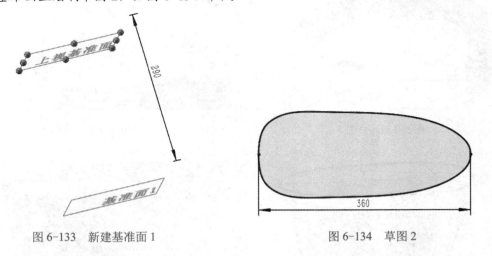

图 6-133　新建基准面 1　　　　　　　图 6-134　草图 2

3）在智能马桶的对称面（前视基准面）分别绘制草图 3 和草图 4，如图 6-135 和图 6-136 所示。

4）使用"放样曲面"命令，以草图 1 和草图 2 为轮廓，草图 3、草图 4 为引导线，生成放样曲面，如图 6-137 所示。

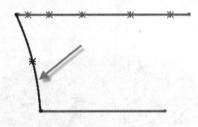
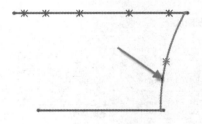

图 6-135　草图 3　　　　　　　　　　图 6-136　草图 4

5）新建一个基准面，与"上视基准面"平行，略高于"上视基准面"，如图 6-138 所示。在新建基准面上绘制草图 5，如图 6-139 所示。

图 6-137　放样曲面 1　　　　　　　　图 6-138　新建基准面 2

6）在新建基准面上，如图 6-140 所示，绘制草图 6，如图 6-141 所示。使用"放样曲面"命令，以草图 1 和草图 6 为轮廓，生成放样曲面，结果如图 6-142 所示。

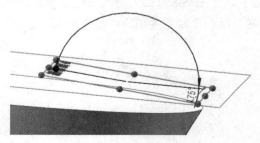

图 6-139　草图 5　　　　　　　　　　图 6-140　新建基准面 3

图 6-141　草图 6　　　　　　　　　　图 6-142　放样曲面 2

7）选择"前视基准面"为草图面，绘制草图 7，如图 6-143 所示。使用"曲面填充"命令，选择草图 6 为"修补边界"，草图 7 为"约束曲线"，生成填充曲面，如图 6-144 所示。

图 6-143　草图 7　　　　　　　　　　　图 6-144　曲面填充

8）分别使用"分割线""颜色""拉伸凸台/基体"等命令处理局部结构，最终结果如图 6-129 所示。

6.6　课后练习

1．思考题

（1）曲面和实体的差别是什么？

（2）创建曲面的草图和创建实体的草图有什么区别？

（3）说明延展曲面和延伸曲面的区别？

2．操作题

创建图 6-145～图 6-147 所示曲面造型。

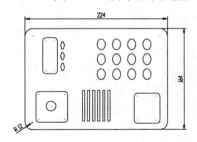 

图 6-145　曲面造型 1

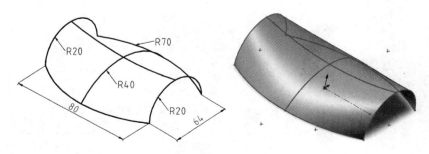

图 6-146　曲面造型 2

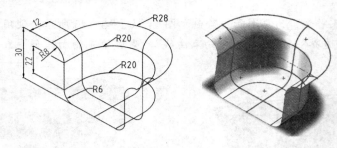

图 6-147　曲面造型 3

第7章 装配设计

SolidWorks 2022 提供了强大的装配设计功能，可以很方便地将零件造型和钣金设计环境中生成的零件按照一定的装配关系进行装配。SolidWorks 支持并行的装配工程，允许多个设计者对同一个装配项目进行操作，并且可以即时访问设计组内其他成员的当前设计。

本章重点：

- 常用装配关系的用法
- 装配环境中编辑零部件的基本方法
- 装配爆炸视图的生成与操作

7.1 装配设计模块概述

在工业生产中，机器或部件都是由零件按照一定的装配关系和技术要求装配而成的，如图 7-1 所示。本节主要介绍 SolidWorks 2022 中常用装配命令的基本用法。

图 7-1 装配体示例

进行零件装配时，首先应合理选择第一个装配零件，第一个装配零件应满足如下两个条件。

1）是整个装配模型中最为关键的零件。

2）用户在以后的工作中不会删除该零件。

零件之间的装配关系也可形成零件之间的父子关系。在装配过程中，已存在的零件称为父零件，与父零件相装配的后来的零件称为子零件，子零件可单独删除，而父零件不行，删除父零件时，与之相关联的所有子零件将一起被删除，因而删除第一个零件就删除了整个装配模型。

进入装配环境有两种方法：第一种是新建文件时，在弹出的"新建 SOLIDWORKS 文件"对话框中选择"装配体"模板，单击"确定"按钮即可新建一个装配体文件，并进入装配环境，如图 7-2 所示。第二种则是在零件环境中，选择"文件"→"从零件制作装配体"命令，切换到装配环境。

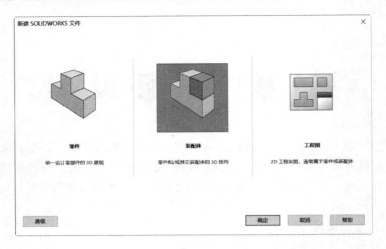

图 7-2 新建装配体文件

当新建一个装配体文件或打开一个装配体文件时，即进入 SolidWorks 装配环境。SolidWorks 装配操作界面和零件模式的界面相似，装配体界面同样具有菜单栏、工具面板、设计树、控制区和零部件显示区。在左侧的控制区中列出了组成该装配体的所有零部件。在设计树最底端还有一个配合的列表，包含了所有零部件之间的配合关系，如图 7-3 所示。"装配体"面板如图 7-4 所示。

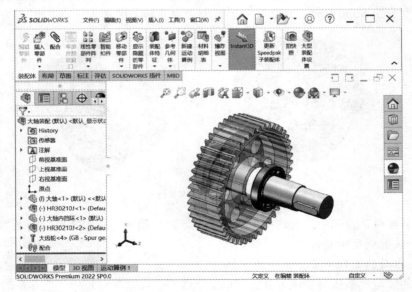

图 7-3 SolidWorks 装配操作界面

图 7-4 "装配体"面板

7.2 零部件的装配关系

SolidWorks 的装配关系综合解决了零件装配的各种情况。装配零件的过程，实际就是定义零件与零件之间装配关系的过程。

7.2.1 配合概述

进入装配模块，系统弹出"插入零部件"属性对话框，如图 7-5 所示。

单击图 7-5 所示属性对话框中的"要插入的零件/装配体"选项组中的"浏览"按钮，出现"打开"对话框，调入第一个零件模型并放置在装配体的原点处，即零件原点与装配原点重合，如图 7-6 所示。单击"装配体"面板中的"插入零部件"按钮，调入一个与第一个零件模型有装配关系的零件，在合适的位置单击以放置零件，如图 7-7 所示。

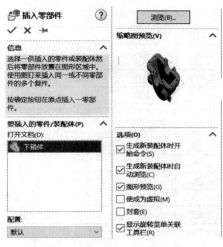

图 7-5 "插入零部件"属性对话框

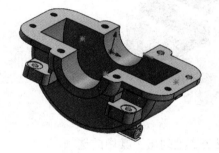

图 7-6 调入第一个零件　　　　　图 7-7 调入第二个零件

单击"装配体"面板中的"配合"按钮，系统弹出图 7-8 所示"配合"属性对话框，该属性对话框具有添加标准配合、高级配合和机械配合的选项功能。

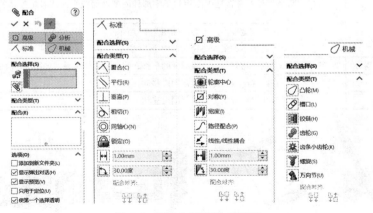

图 7-8 "配合"属性对话框

7.2.2 标准配合

标准配合的应用最为广泛。SolidWorks 2022 的标准配合提供了表 7-1 所示的几种配合类型。

表 7-1 标准配合类型

按钮	名称	说 明
🗦	重合	将所选面、边线及基准面定位（相互组合或与单一顶点组合），使其共享同一个无限基准面。定位两个顶点使它们彼此接触
⟋	平行	使所选的配合实体相互平行
⊥	垂直	使所选配合实体以彼此间 90°角放置
⟍	相切	使所选配合实体以彼此间相切而放置（至少有一选项必须为圆柱面、圆锥面或球面）
◎	同轴心	使所选配合实体共享同一中心线
🔒	锁定	保持两个零部件之间的相对位置和方向
↦	距离	使所选配合实体以彼此间指定的距离而放置
⟲	角度	使所选配合实体以彼此间指定的角度而放置
🔀	同向对齐	与所选面正交的向量指向同一方向，如图 7-9 所示
🔀	反向对齐	与所选面正交的向量指向相反方向，如图 7-10 所示

图 7-9 同向对齐

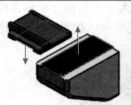

图 7-10 反向对齐

7.2.3 高级配合

高级配合提供了相对比较复杂的零部件配合类型，表 7-2 里列出了其中的选项。

表 7-2 高级配合类型

按钮	名称	说 明
◉	轮廓中心	将矩形和圆形轮廓互相中心对齐，并完全定义组件
⬚	对称	强制使两个零件的各自选中面相对于零部件的基准面或平面或者装配体的基准面距离对称，如图 7-11 所示
�	宽度	使零部件位于凹槽宽度内的中心，如图 7-12 所示
⟋	路径	将零部件上所选的点约束到路径，如图 7-13 所示
⬎	线性/线性耦合	在一个零部件的平移和另一个零部件的平移之间建立几何关系，如图 7-14 所示
↔	距离	允许零部件在距离配合一定数值范围内移动
⟲	角度	允许零部件在角度配合一定数值范围内移动

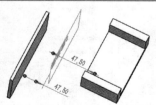

图 7-11 对称配合

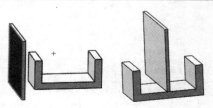

图 7-12 宽度配合

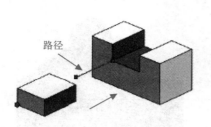

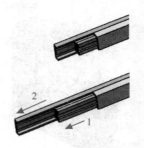

图 7-13　路径配合　　　　　　　　　图 7-14　线性/线性耦合配合

7.2.4　机械配合

机械配合提供了 7 种用于机械零部件装配的配合类型，如表 7-3 所示。

表 7-3　机械配合类型

按钮	名称	说　明
	凸轮	是一个相切或重合配合类型，它允许将圆柱、基准面，或点与一系列相切的拉伸曲面相配合，如图 7-15 所示
	槽口	将螺栓或槽口运动限制在槽口孔内，如图 7-16 所示
	铰链	将两个零部件之间的移动限制在一定的旋转范围内，其效果相当于同时添加同心配合和重合配合，如图 7-17 所示
	齿轮	强迫两个零部件绕所选轴相对旋转，齿轮配合的有效旋转轴包括圆柱面、圆锥面、轴和线性边线，如图 7-18 所示
	齿条小齿轮	通过齿条和小齿轮配合，某个零部件（齿条）的线性平移会引起另一零部件（小齿轮）做圆周旋转，反之亦然，如图 7-19 所示
	螺旋	将两个零部件约束为同心，还在一个零部件的旋转和另一个零部件的平移之间添加几何关系，如图 7-20 所示
	万向节	一个零部件（输出轴）绕自身轴的旋转是由另一个零部件（输入轴）绕其轴的旋转驱动，如图 7-21 所示

图 7-15　凸轮配合　　　　　　　　　图 7-16　槽口配合

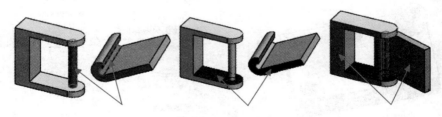

图 7-17　铰链配合

图 7-18　齿轮配合

图 7-19　齿条小齿轮配合

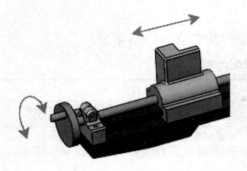

图 7-20　螺旋配合

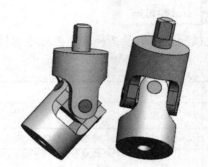

图 7-21　万向节配合

7.3　零部件的操作

在 SolidWorks 装配过程中，当出现相同的多个零部件装配时使用"阵列"或"镜像"，可以避免多次插入零部件的重复操作。使用"移动"或"旋转"，可以平移或旋转零部件。

7.3.1　线性零部件阵列

线性零部件阵列类型可以生成零部件的线性阵列，操作步骤如下。

1）采用"重合"与"同心"配合，将两个零件装配在一起，如图 7-22 所示。

2）单击"装配体"面板中的"线性零部件"按钮，系统弹出"线性阵列"属性对话框，如图 7-23 所示。

图 7-22　待线性阵列的零部件

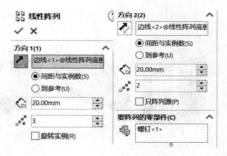

图 7-23　"线性阵列"属性对话框

3）分别指定线性阵列的方向 1、方向 2，以及各方向的间距、实例数，选择要阵列的零部件，如图 7-24 所示，单击"确定"按钮，线性阵列零部件如图 7-25 所示。

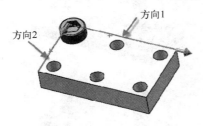
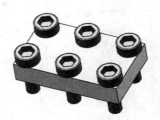

图 7-24　方向选择　　　　　　　　　图 7-25　线性阵列零部件

7.3.2　圆周零部件阵列

圆周零部件阵列类型可以生成零部件的圆周阵列，操作步骤如下。

1）采用"重合"与"同心"配合，将两个零件装配在一起，如图 7-26 所示。

2）单击"装配体"面板中的"圆周零部件阵列"按钮，系统弹出"圆周阵列"属性对话框，如图 7-27 所示。

3）分别指定圆周阵列的阵列轴、角度和实例数（阵列数）及要阵列的零部件后，就可以生成零部件的圆周阵列，如图 7-28 所示。

图 7-26　待圆周阵列的零部件　　　图 7-27　"圆周阵列"属性对话框　　　图 7-28　圆周阵列零部件

7.3.3　镜像零部件

当固定的参考零部件为对称结构时，可以使用"镜像零部件"命令来生成新的零部件，操作步骤如下。

1）在装配体环境中导入一个零件。

2）单击"装配体"面板中的"镜像零部件"按钮，系统弹出"镜像零部件"属性对话框，如图 7-29 所示。

3）选择镜像基准面、要镜像的零部件后，单击"确定"按钮，生成镜像零部件，如图 7-30 所示。

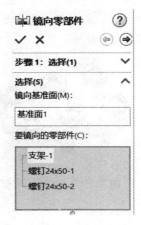

图 7-29 "镜像零部件"属性对话框

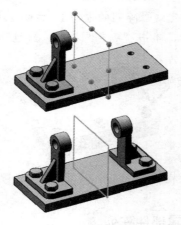

图 7-30 镜像零部件

7.3.4 移动或旋转零部件

利用移动零件和旋转零件功能，可以任意移动处于浮动状态的零件（即不完全约束），如图 7-31、图 7-32 中的轴就是处于浮动状态。如果该零件被部分约束，则在被约束的自由度方向上是无法运动的。利用此功能，在装配中可以检查哪些零件是被完全约束的。

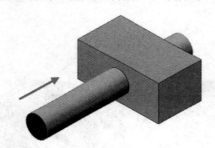

图 7-31 浮动状态的零部件（移动）

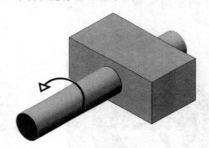

图 7-32 浮动状态的零部件（旋转）

在"装配体"面板上单击"移动零部件"按钮，系统弹出"移动零部件"属性对话框，如图 7-33 所示，选择处于浮动状态的零部件，按住鼠标左键，即可移动零部件。"旋转零部件"属性对话框和"移动零部件"属性对话框的选项设置是相同的，如图 7-34 所示。

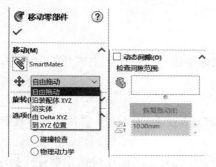

图 7-33 "移动零部件"属性对话框

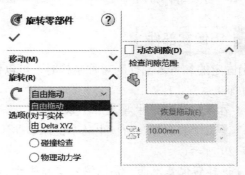

图 7-34 "旋转零部件"属性对话框

7.4 装配实例：球阀

本节以一个比较完整的球阀的装配为例，进一步说明装配过程，如图 7-35 所示。

1. 阀体、阀杆的装配

1）进入装配模块，系统弹出"开始装配体"属性对话框，单击"浏览"按钮，调入第一个零件"阀体"，如图 7-36 所示。

2）单击"装配体"面板中的"插入零部件"按钮，调入第二个零件"阀杆"，在合适的位置单击以放置零件，如图 7-37 所示。

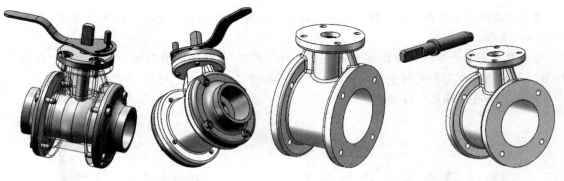

图 7-35 球阀   图 7-36 调入阀体   图 7-37 调入阀杆

3）单击"装配体"面板中的"配合"按钮，系统弹出图 7-38 所示"重合"属性对话框，分别选择阀体和阀杆箭头所指的小平面，如图 7-39 所示，选择"重合"配合和"反向对齐"，单击"确定"按钮，结果如图 7-39 所示。

4）分别选择阀体和阀杆上的两个圆柱面，如图 7-40 所示，选择"同轴"配合，单击"确定"按钮，结果如图 7-41 所示。

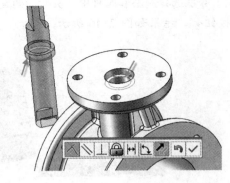

图 7-38 "重合"属性对话框   图 7-39 反向对齐（阀体和阀杆）

2. 阀杆阀芯的装配

由于阀杆和阀芯的装配位于阀体之内，为了看图方便，首选要将阀体隐藏。

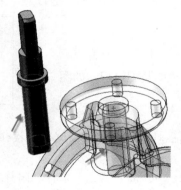

图 7-40 同轴配合（阀体和阀杆）

图 7-41 完成阀杆阀体装配

1）在设计树中右击阀体，弹出快捷工具栏，如图 7-42 所示，选择"隐藏零部件"按钮，即可将阀体隐藏。

2）重复前面的步骤，继续调入第 3 个零件"阀芯"，单击"装配体"面板中的"配合"按钮🔗，分别选择阀芯和阀杆中箭头所指的平面，如图 7-43 所示，选择"重合"配合和"反向对齐"命令，单击"确定"按钮✅。

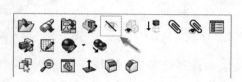

图 7-42 快捷工具栏

图 7-43 反向对齐（阀芯和阀杆）1

3）分别选择阀芯和阀杆中箭头所指的平面，如图 7-44 所示，选择"重合"配合和"反向对齐"命令，单击"确定"按钮✅。

4）分别选择阀芯和阀杆中箭头所指的圆柱面，如图 7-45 所示，选择"同轴"配合，单击"确定"按钮✅，结果如图 7-46 所示。

图 7-44 反向对齐（阀芯和阀杆）2

图 7-45 同轴配合（阀芯和阀杆）

5）选择"装配体"面板中的"镜像零部件"按钮，如图 7-47 所示。选择图 7-48 箭头所指面为镜像面，阀芯为镜像零部件，单击"确定"按钮✅，结果如图 7-49 所示。

图 7-46　同轴配合完成

图 7-47　"镜像零部件"命令

图 7-48　选择镜像面

6）将隐藏的阀体重新显示，结果如图 7-50 所示。

图 7-49　镜像完成

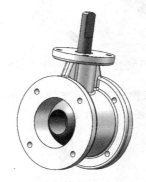

图 7-50　阀杆阀芯装配完成

3. 侧盖的装配

1）单击"装配体"面板中的"插入零部件"按钮，调入零件"侧盖"，在合适的位置单击以放置零件，如图 7-51 所示。

2）单击"装配体"面板中的"配合"按钮，分别选择阀体和侧盖中箭头所指的平面，如图 7-52 所示，选择"重合"配合和"反向对齐"命令，单击"确定"按钮。

球阀-2

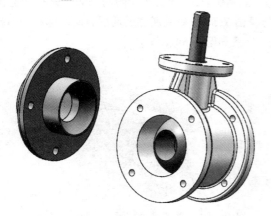

图 7-51　调入侧盖

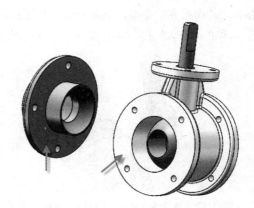

图 7-52　反向对齐（阀体和侧盖）

177

3）分别选择阀体和侧盖中箭头所指的小孔圆柱面，如图 7-53 所示，选择"同轴"命令，单击"确定"按钮✅。

4）分别选择阀体和侧端盖中箭头所指的大孔圆柱面，如图 7-54 所示，选择"同轴"配合，单击"确定"按钮✅，一侧端盖装配完成，如图 7-55 所示。

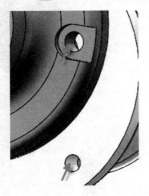
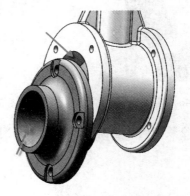

图 7-53　同轴配合（阀体和小孔圆柱面）　　　　图 7-54　同轴配合（阀体和大孔圆柱面）

5）单击"装配体"面板中的"插入零部件"按钮，调入零件"螺钉"，在合适的位置单击以放置零件，如图 7-56 所示。

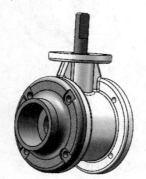
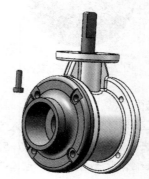

图 7-55　一侧端盖装配完成　　　　　　　　　图 7-56　调入螺钉

6）单击"装配体"面板中的"配合"按钮，选择图 7-57 箭头所指的两平面，选择"重合"配合和"反向对齐"命令，单击"确定"按钮✅；选择图 7-58 中箭头所指的两圆柱面，选择"同轴"配合，单击"确认"按钮✅，完成一个螺钉的装配，结果如图 7-59 所示。

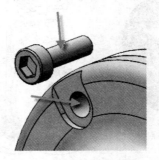

图 7-57　重合配合和反向对齐（螺钉和侧盖）　　图 7-58　同轴配合（螺钉）

7）单击"装配体"面板中的"阵列驱动零部件阵列"按钮，如图 7-60 所示，系统弹出"阵列驱动"属性对话框，如图 7-61 所示。在"要阵列的零部件"选项组中选择螺钉，在"驱动特征或零部件"选项组中选择图 7-62 中箭头所指的小孔，单击"确定"按钮 ☑，完成螺钉阵列，结果如图 7-63 所示。

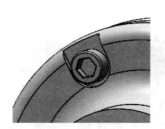

图 7-59　螺钉装配完成　　　　　　　　　　图 7-60　特征驱动阵列命令

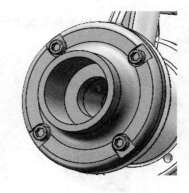

图 7-61　"阵列驱动"属性对话框　　　图 7-62　选择阵列要素　　　　　图 7-63　螺钉阵列完成

8）在阀体对称中心创建一个基准面，如图 7-64 所示（具体方法参照前面章节）。

9）单击"装配体"面板中的"镜像零部件"按钮，选择刚建立的基准面为镜像面，选择侧盖和 4 个螺钉为镜像物体，在另一侧生成镜像特征，结果如图 7-65 所示。

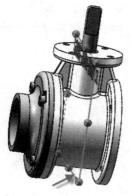

图 7-64　新建基准面　　　　　　　　　　图 7-65　完成侧盖装配

4. 顶盖的装配

1）单击"装配体"面板中的"插入零部件"按钮，调入零件"顶盖"，在合适的位置单击以放置零件，如图7-66所示。

2）单击"装配体"面板中的"配合"按钮，分别选择阀体和顶盖中箭头所指的平面，如图 7-67 所示，选择"重合"配合和"反向对齐"命令，单击"确定"按钮。

球阀-3

图 7-66　调入顶盖

图 7-67　反向对齐（阀体和顶盖）

3）分别选择阀体和顶盖中箭头所指的小孔圆柱面，如图7-68所示，选择"同轴心"命令，单击"确定"按钮。

4）分别选择阀体和顶盖中箭头所指的圆柱面，如图7-69所示，选择"同轴心"命令，单击"确定"按钮，顶盖装配完成，如图7-70所示。

图 7-68　同轴心（阀体和顶盖小孔圆柱）

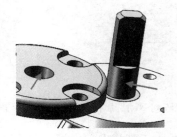

图 7-69　同轴心（阀体和顶盖圆柱）

5）单击"装配体"面板中的"插入零部件"按钮，调入零件"螺钉"，在合适的位置单击以放置零件。单击"装配体"面板中的"配合"按钮，在"配合"属性对话框中选择"机械配合"选项组中的"铰链"配合，依次选择图 7-71 中箭头所指的两圆柱面和两平面，选择"反向对齐"命令，单击"确定"按钮，结果如图7-72所示。

图 7-70　顶盖装配完成

图 7-71　铰链配合（螺钉）

6）单击"装配体"面板中的"阵列驱动零部件阵列"按钮，用和前面类似的方法阵列螺钉，如图 7-73 所示。

图 7-72　装配螺钉

图 7-73　阵列螺钉

5. 手柄的装配

1）删除上一步阵列生成的其中一个螺钉，如图 7-74 箭头所指处；单击"装配体"面板中的"插入零部件"按钮，调入"挡销"部件，在合适的位置单击以放置，如图 7-74 所示。

2）单击"装配体"面板中的"配合"按钮，在"配合"属性对话框中选择"机械配合"选项组中的"铰链"配合，依次选择图 7-75 中箭头所指的两圆柱面和两平面，单击"确定"按钮，结果如图 7-76 所示。

3）单击"装配体"面板中的"插入零部件"按钮，调入"手柄"部件，在合适的位置单击以放置，如图 7-77 所示。

图 7-74　调入挡销

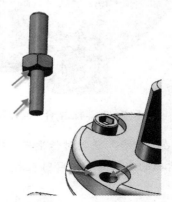

图 7-75　铰链配合（挡销）

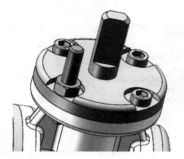

图 7-76　铰链配合完成

图 7-77　调入手柄

4）单击"装配体"面板中的"配合"按钮⬚，分别选择阀杆和手柄中箭头所指的平面，如图 7-78 所示，选择"重合"配合和"反向对齐"命令，单击"确定"按钮⬚。

5）分别选择阀杆和手柄中箭头所指的平面，如图 7-79 所示，选择"重合"配合和"反向对齐"命令，单击"确定"按钮⬚。

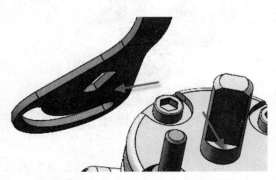
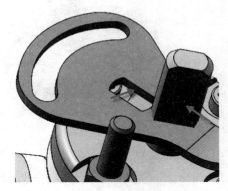

图 7-78　反向对齐（阀杆和手柄）1　　　　图 7-79　反向对齐（阀杆和手柄）2

6）分别选择手柄和阀杆中箭头所指的圆柱面，如图 7-80 所示，选择"同轴"配合，单击"确定"按钮⬚，结果如图 7-81 所示。

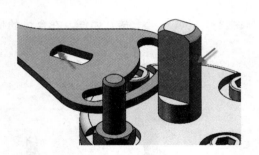
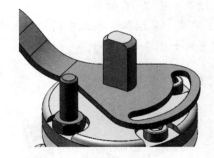

图 7-80　同轴配合（阀杆和手柄）　　　　图 7-81　同轴配合完成

7）在"配合"属性对话框中选择"机械配合"选项组中的"槽口"配合，依次选择图 7-82 中箭头所指的圆柱面和槽口内表面，单击"确定"按钮⬚，结果如图 7-83 所示。

图 7-82　槽口配合　　　　图 7-83　槽口配合完成

8）单击"装配体"面板中的"插入零部件"按钮⬚，调入"螺母"部件，在合适的位置单击以放置，如图 7-84 所示。

9）单击"装配体"面板中的"配合"按钮⊘，分别选择阀杆和螺母中箭头所指的平面，如图 7-85 所示，选择"重合"配合和"反向对齐"命令，单击"确定"按钮✓。

图 7-84 调入螺母

图 7-85 反向对齐（阀杆和螺母）

10）分别选择螺母和阀杆中箭头所指的圆柱面，如图 7-86 所示，选择"同轴"配合，单击"确定"按钮✓，结果如图 7-87 所示。至此球阀装配完成。

图 7-86 同轴配合（阀杆和螺母）

图 7-87 手柄装配完成

7.5 配合关系的编辑修改

SolidWorks 在完成三维装配后，可以方便地对装配编辑修改。本节主要讲述对定义好的配合关系进行编辑修改的常用方法。

7.5.1 编辑配合关系

如果在完成装配后发现某个配合关系不合适，用户可以利用以下步骤对其进行装配编辑。

1）在设计树中单击"配合"前面的▶按钮，如图 7-88 所示，打开配合关系。

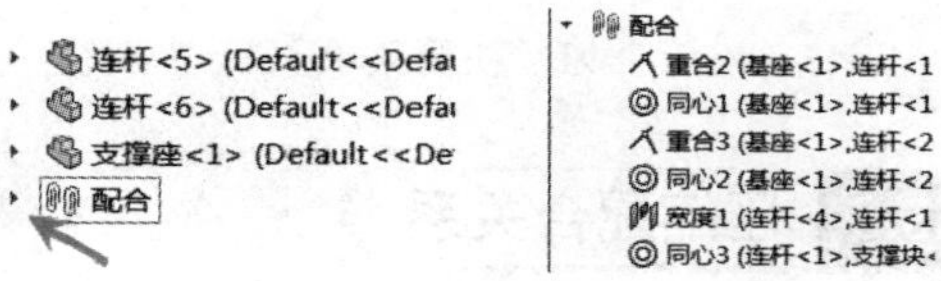

2）选择需要编辑的配合关系并右击，在弹出的快捷选项中选择"编辑特征"选项，如图 7-89 所示，出现图 7-90 所示的"重合"属性对话框，按照需要修改各项配合设置。

图 7-88 设计树中的配合

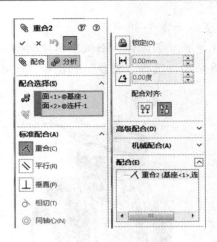

图 7-89 快捷选项  图 7-90 "重合"属性对话框

3）单击"确定"按钮完成对配合关系的编辑。在这种情况下，SolidWorks 用新的配合关系取代旧的配合关系对模型进行重建，完成对配合关系的编辑。

7.5.2 删除配合关系

用户可以在需要时删除配合关系。当用户删除配合关系时，该配合关系会在装配体的所有配置中被删除。在设计树中，选择想要删除的配合关系并右击，弹出图 7-91 所示的快捷菜单，选择"删除"选项，或者选中配合关系后按〈Delete〉键，出现"确认删除"对话框，如图 7-92 所示。单击"是"按钮以确认删除配合关系。

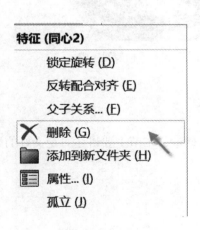

图 7-91 快捷菜单

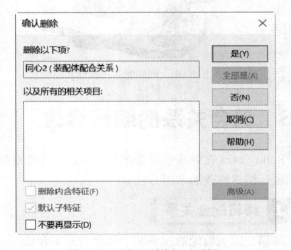

图 7-92 "确认删除"对话框

7.5.3 压缩配合关系

用户可以压缩配合关系以阻止其被解除。这使用户不必过定义装配体就可以尝试不同类型的配合。在激活的配置中压缩配合关系的步骤如下。

1）在设计树中，右击要压缩的配合关系，然后在弹出的快捷选项中选择"压缩"选项，如

图 7-93 所示。

2）如要解除对配合的压缩，请重复该过程，然后选择"解除压缩"选项，如图 7-94 所示。

图 7-93 压缩配合关系　　　　　　　图 7-94 解除压缩配合关系

3）也可以按住〈Ctrl〉键选择多个配合关系并右击，在弹出的快捷选项中选择"压缩"选项（或"解除压缩"选项），来完成对一个或多个配置配合关系的压缩（或解除压缩）。

7.6　干涉检查

在复杂的装配体中，仅仅通过观察很难确定零件间存在干涉问题。在 SolidWorks 的装配体中，用户可以在装配体中进行干涉检查并显示干涉的部分。如果零件间存在干涉，系统将在对话框中列出存在的干涉。当用户在检查列表中选择某个干涉后，在图形区将高亮显示相关的干涉部分，并在对话框中显示造成干涉的零件。

这里以球阀为例来检查装配体当前状态有没有发生干涉，具体操作步骤如下。

1）打开已有的装配体，单击图 7-95 所示的"干涉检查"按钮。

2）打开图 7-96 所示的"干涉检查"属性对话框，单击"计算"按钮，系统会根据所选项目进行计算，如果有干涉在结果下面会显示所有的干涉，没有的话则显示"无干涉"。

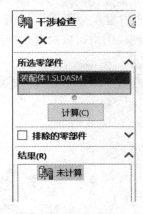

图 7-95 "干涉检查"按钮　　　　　图 7-96 "干涉检查"属性对话框（计算前）

3）如果发生干涉，在图 7-97 所示的对话框中，在"结果"列表中会出现干涉的零件。在"结果"中选择一个干涉，那么发生干涉的零件会变成透明，如图 7-98 所示，干涉区域会变成红色的显示。选择"干涉"下的零部件，对应的零件会变成高亮的显示。

4）有时，会人为加入干涉，例如，过盈配合。这样的干涉可以在"干涉检查"属性对话框中，选择相应的干涉，再单击"忽略"按钮即可。还有一种情况，在做有限元分析之前，需要了解整个装配接触面的情况。可以在"干涉检查"属性对话框的"选项"选项组中选中"视重合为干涉"复选框，这样只要两个零件是接触的，也就是间隙为零，就可以清楚地找到这些边、线和面。

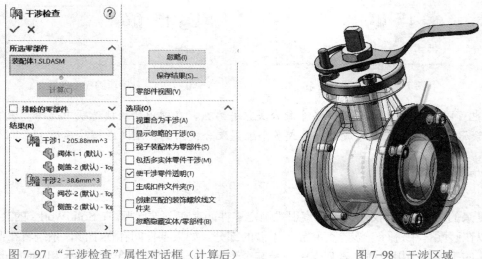

图 7-97 "干涉检查"属性对话框（计算后）　　　　　　　图 7-98 干涉区域

5）找到干涉零件后，可以根据不同的情况来修改编辑零件，这里就不详细讲述了。

7.7　爆炸视图

有时需要更清楚地观察零件的组成结构、装配形式，这时候可将装配图分解成零件，这种表达形式叫作装配爆炸图，如图 7-99 所示。装配体可在正常视图和爆炸视图之间切换。一旦创建爆炸视图，用户可以对其进行编辑，还可以将其引入二维工程图，并可用激活状态的配置来保存爆炸视图。

爆炸方式有两种：径向步骤和常规步骤，下面分别介绍一下。

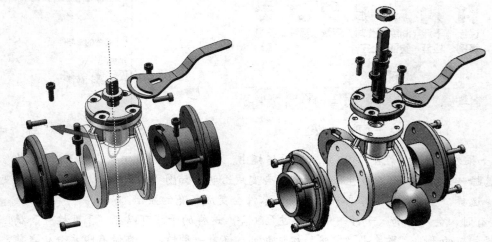

图 7-99 装配爆炸图

7.7.1 径向步骤

使用爆炸视图命令，可以爆炸装配体的所有零件，"径向步骤"爆炸命令根据零件之间的装配关系自动定义爆炸方向，操作步骤如下。

1）单击"装配体"面板上的"爆炸视图"按钮 🌐，系统弹出"爆炸"属性对话框如图 7-100 所示。单击"径向步骤"按钮 ❋，在图形区全选装配体，如图 7-101 所示，设置适当的"爆炸距离"。

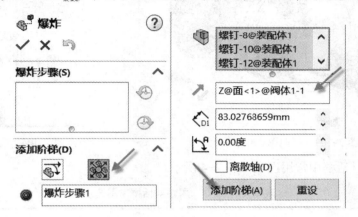

图 7-100　"爆炸"属性对话框

2）选择"爆炸方向"选项，然后单击图 7-102 箭头所指圆柱面，再单击"添加阶梯"按钮，爆炸视图如图 7-103 所示，单击属性对话框中的"确定"按钮 ✅，即可完成"径向步骤"的爆炸。

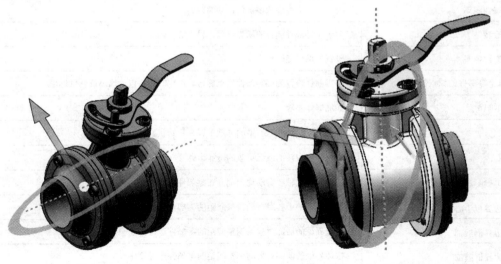

图 7-101　全部选择　　　　　　　　图 7-102　选择爆炸方向

3）单击设计树中的"配置管理器"按钮 🗂，当前配置自动添加了一个叫"爆炸视图 1"的"派生配置"，如图 7-104 所示，这个派生出来的配置下面包含了刚才的爆炸步骤，可以在这里编辑每一个步骤。

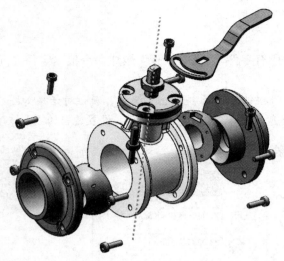

图 7-103　径向爆炸完成

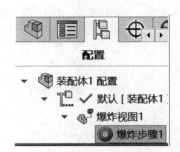

图 7-104　配置管理器

"爆炸"属性对话框中常用选项如表 7-4 所示。

表 7-4　"爆炸"属性对话框常用选项

选项	说　　明
爆炸步骤	爆炸到单一位置的一个或多个所选零部件
爆炸步骤零部件	显示当前爆炸步骤所选的零部件
爆炸方向	显示当前爆炸步骤所选的方向
爆炸距离	显示当前爆炸步骤零部件移动的距离
旋转轴	对于带零部件旋转的爆炸步骤，设置旋转轴
旋转角度	设置零部件旋转程度
绕每个零部件的原点旋转	将零部件设置为绕零部件原点旋转。选定时，将自动增添旋转轴选项
添加阶梯	添加爆炸步骤
重设	将 PropertyManager 中的选项重置为初始状态
完成	单击以完成新的或已更改的爆炸步骤
自动调整零部件间距	拖动时，沿轴心自动均匀地分布零部件组的间距
边界框中心	按边界框的中心对自动调整间距的零部件进行排序
边界框后部	按边界框的后部对自动调整间距的零部件进行排序
边界框前部	按边界框的前部对自动调整间距的零部件进行排序
选择子装配体零件	选中此选项即可选择子装配体的单个零部件。不选中此选项则选择整个子装配体
显示旋转环	在图形区中的三重轴上显示旋转环，可使用旋转环来移动零部件
重新使用爆炸	使用先前在所选子装配体中定义的爆炸步骤

7.7.2 常规步骤

采用常规步骤生成爆炸视图的操作步骤如下。

1）单击"装配体"面板上的"爆炸视图"按钮 ，系统弹出"爆炸"属性对话框，单击"常规步骤"按钮 ，如图 7-105 所示。

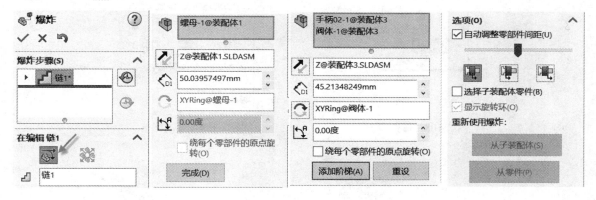

图 7-105 "爆炸"属性对话框

2）选中一个外围零件，按住希望炸开的坐标方向，拖动零件到适当位置，如图 7-106 所示，单击"确定"按钮；依次选择其他零件，拖动到适当位置，每确定一个或一组零件位置，都要单击"确定"按钮，效果如图 7-107 所示。

图 7-106 拖动一个外围零件

图 7-107 依次拖动零件

3）随着依次拖动零件，"爆炸"属性对话框中的"爆炸步骤"列表中会依次增加显示参与爆炸的零件或零件组，如图 7-108 所示。

4）同一方向多个零部件同时进行爆炸操作时，如果选中"自动调整零部件间距"复选框，如图 7-109 所示，可以单独调整每一个零件的位置，如图 7-110 所示。

图 7-108 爆炸步骤

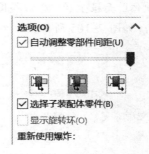

图 7-109 自动调整

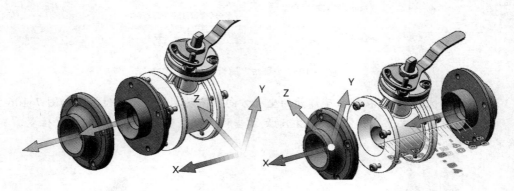

图 7-110 自动调整零部件间距

7.8 课后练习

1. 简述各种装配关系。
2. 装配图的各零件需要完全约束吗？为什么？
3. 完成配套文件中千斤顶的装配。

第8章 钣 金 设 计

钣金件是现代化工业生产中应用广泛的一类零件，本章重点介绍 SolidWorks 2022 钣金模块常用的操作命令。通过本章的学习，用户可以掌握中等复杂程度钣金造型的创建方法。

本章重点：
- 钣金设计的基本知识
- 钣金模块常用特征命令的使用
- 使用钣金模块创建常见的钣金零件

8.1 钣金设计概述

钣金是针对金属薄板（通常在 6mm 以下）的一种综合冷加工工艺，包括剪、冲/切/复合、折、焊接、铆接、拼接、成型（如汽车车身）等，其显著的特征就是同一零件厚度一致。

钣金零件通常用作零部件的外壳，或用于支撑其他零部件。钣金零件具有重量轻、强度高、导电（能够用于电磁屏蔽）、成本低、大规模量产性能好等特点，目前在电子电器、通信、汽车工业、医疗器械等领域得到了广泛应用，例如，在计算机机箱、手机、车辆中，钣金是必不可少的组成部分。图 8-1 所示为常见的钣金零件。

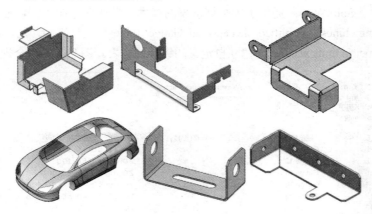

图 8-1　常见钣金零件

随着钣金的应用越来越广泛，钣金件的设计变成了产品开发过程中很重要的一环，机械工程师必须熟练掌握钣金件的设计技巧，使钣金既满足产品的功能和外观等要求，又能使冲压模具制造简单、成本低。

8.1.1 钣金基础知识

钣金零件是一种比较特殊的实体模型，通常有折弯、褶边、法兰、转折、圆角等结构，还需要展开、折叠等操作， SolidWorks 2022 为满足这些需求定制了丰富的钣金命令。

钣金设计模块是 SolidWorks 2022 核心应用模块之一，它提供了将钣金设计与加工过程进行数字化模拟的功能，具有较强的工艺特点。SolidWorks 的钣金功能拥有独特的用户自定义特征库，因此能大大提高设计速度，简化设计过程。SolidWorks 钣金设计集成在了零件设计模块中，因此其相关操作和零件设计基本相同。SolidWorks 既可以独立地设计钣金零件，而不需要对其所容纳的零件作任何的参考，也可以在包含此内部零部件的关联装配体中设计钣金零件。

8.1.2 钣金相关概念

1. 钣金厚度

钣金零件是一种壁厚均匀的薄壁零件。使用钣金工具建立特征时，如使用开环草图建立基体法兰，钣金零件的厚度相当于壁厚；如使用闭环草图建立基体法兰，则钣金零件的厚度相当于拉伸特征深度。

2. 折弯半径

钣金件折弯时，为了避免外表面产生裂纹，需要制定钣金折弯时的折弯半径，折弯半径是指折弯内角的半径。

3. 折弯系数

折弯系数是用于计算钣金展开的折弯算法，包括"K-因子""折弯扣除""折弯系数表"和"折弯补偿"等。

4. 钣金规格表

SolidWorks 2022 提供了钣金规格表，即将常用的钣金规格利用 Excel 表格保存下来，建立钣金零件时，用户可以直接从规格表中读取已经定义好的钣金参数。这些钣金参数包括钣金厚度、可用的折弯半径、K-因子等。SolidWorks 提供了钣金规格表的样本，默认保存在 "Program Files\SolidWorks Corp\SolidWorks\lang\chinese-simplified\Sheet Metal Gauge Tables" 文件夹中，用户可以参考 "sample table - aluminum - metric units.xls" 文件建立自定义的钣金规格表。图 8-2 为钣金规格表示例。

	规格号	规格(厚度)	可用的折弯半径
2	类型:	Aluminum Gauge Table	
3	加工	Aluminum - Coining	
4	K因子	0.5	
5	单位:	毫米	
7	规格号	规格(厚度)	可用的折弯半径
8	Gauge 10	3	3.0; 4.0; 5.0; 8.0; 10.0
9	Gauge 12	2.5	3.0; 4.0; 5.0; 8.0; 10.0
10	Gauge 14	2	2.0; 3.0; 4.0; 5.0; 8.0; 10.0
11	Gauge 16	1.5	1.5; 2.0; 3.0; 4.0; 5.0; 8.0; 10.0
12	Gauge 18	1.2	1.5; 2.0; 3.0; 4.0; 5.0; 8.0; 10.0
13	Gauge 20	0.9	1.0; 1.5; 2.0; 3.0; 4.0; 5.0
14	Gauge 22	0.7	0.8; 1.0; 1.5; 2.0; 3.0; 4.0; 5.0
15	Gauge 24	0.6	0.8; 1.0; 1.5; 2.0; 3.0; 4.0; 5.0
16	Gauge 26	0.5	0.5; 0.8; 1.0; 1.5; 2.0; 3.0; 4.0; 5.0

图 8-2　钣金规格表

5. 释放槽

为了保证钣金折弯的规整、避免撕裂、避免出现折弯时的干涉冲突，在必要的情况下应该在展开图中专门对折弯两侧的部分建立一个切口，这种切口称为"释放槽"。

在建立法兰的过程中，SolidWorks 可以根据折弯相对于现有钣金的位置自动给定释放槽，称为"自动切释放槽"。钣金零件中默认的释放槽类型可以在建立第一个基体法兰特征时给定，包括 3 种类型：矩形、撕裂形、矩圆形，如图 8-3 所示。

图 8-3　释放槽类型

除自动建立释放槽以外，用户还可以通过拉伸切除特征，人工建立释放槽；也可以利用"边角剪裁"工具建立释放槽。

8.1.3　基本界面介绍

启动 SolidWorks 2022 进入零件设计模块，选择"插入"→"钣金"命令，即可打开"钣金"子菜单，如图 8-4 所示；或者将鼠标指针放在"工具面板"的标题附近并右击，在弹出的快捷菜单中选择"钣金"命令，如图 8-5 所示，即可打开"钣金"面板，如图 8-6 所示。

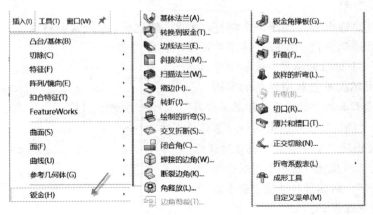

图 8-4　"钣金"子菜单

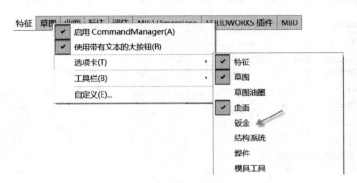

图 8-5　右键快捷菜单

图 8-6 "钣金"面板

创建钣金特征时，首先要创建钣金基本特征，如"基体法兰/薄片"，然后在前面创建的主体基础上添加附加特征，或者另称为子特征。设计完成后，保存退出，若还需要修改，则选择需修改的特征，进行修改后再保存。

8.2 钣金模块常用特征

在 SolidWorks 中主要有两种设计钣金零件的方式。
- 创建一个零件，然后将其转换到钣金。
- 使用钣金特定的特征来生成零件为钣金零件。

SolidWorks 2022 的钣金特征命令很丰富，限于篇幅所限，本节只介绍最常用的一部分特征命令，其他命令读者可以自行练习。

8.2.1 基体法兰

基体法兰特征是钣金零件的第一个特征，该特征建立后，系统就会将该零件标记为钣金零件，折弯也将被添加到适当位置。生成基体法兰特征的操作步骤如下。

1）编辑生成一个标准的草图，该草图可以是单一开环、单一闭环或多重封闭轮廓的草图。

2）单击"钣金"面板中的"基体法兰／薄片"按钮 ，或选择 "插入"→"钣金"→"基体法兰/薄片"命令，会出现"基体法兰"属性对话框。如果所绘草图为闭环，属性对话框如图 8-7 所示；如果所绘草图为开环，则属性对话框中会多出"方向"选项组，如图 8-8 所示。

图 8-7 闭环"基体法兰"属性对话框

3）设置相关参数，然后单击"确定"按钮 ，即可生成基体法兰钣金零件。

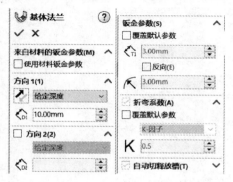

图 8-8 开环"基体法兰"属性对话框

8.2.2 边线法兰

边线法兰特征是将法兰添加到钣金零件的所选边线上。生成边线法兰特征的操作步骤如下。

1）生成一个基体钣金零件。

2）单击"钣金"面板中的"边线法兰"按钮 ，或选择 "插入"→"钣金"→"边线法兰"命令，打开 "边线-法兰"属性对话框，如图 8-9 所示。

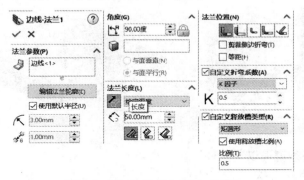

图 8-9 "边线-法兰"属性对话框

3）在图形区选择要放置特征的边线。

4）在"法兰参数"选项组中，单击"编辑法兰轮廓"按钮，可以编辑轮廓的草图。

5）若要使用不同的折弯半径，应取消选中"使用默认半径"复选框，然后根据需要设置折弯半径。

6）在"角度"与"法兰长度"选项组中，分别设置法兰角度、长度、终止条件及其相应参数值等。

7）在"法兰位置"选项组中设置法兰位置；要移除邻近折弯的多余材料，可选中"剪裁侧边折弯"复选框；要从钣金体等距排列法兰，则选中"等距"复选框，然后设定等距终止条件及其相应参数。

8）选择并设置"自定义折弯系数"和"自定义释放槽类型"选项组下的相应参数。

9）单击"确定"按钮 ，即可生成边线法兰，示例如图 8-10 所示。

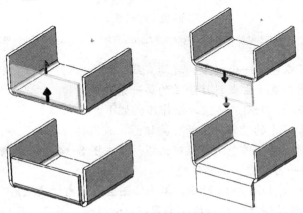

图 8-10 边线法兰示例

📖 使用边线法兰特征时，所选边线必须为线形，且系统会自动将厚度设定为钣金零件的厚度，轮廓的一条草图直线必须位于所选边线上。

8.2.3 斜接法兰

斜接法兰特征可将一系列法兰添加到钣金零件的一条或多条边线上，如图 8-11 所示。

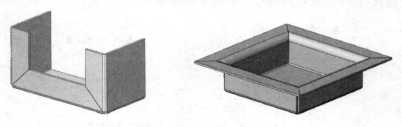

图 8-11 斜接法兰

斜接法兰的草图必须遵循以下条件。

● 草图可包括直线或圆弧。

如果使用圆弧生成斜接法兰，圆弧不能与厚度边线相切。圆弧可与长边线相切，或通过在圆弧和厚度边线之间放置一小的草图直线。以圆弧为斜接法兰生成草图，如图 8-12 所示，其中图 8-12a 为圆弧与长边线相切（有效的草图）；图 8-12b 为直线与厚度边线重合，圆弧与直线相切（有效的草图）；图 8-12c 为圆弧与厚度边线相切（无效的草图）。

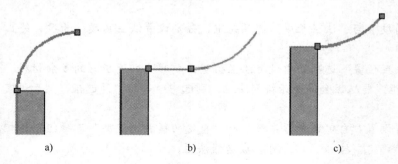

图 8-12 圆弧草图
a) 圆弧与长边线相切　b) 直线与厚度边线重合　c) 圆弧与厚度边线相切

● 斜接法兰轮廓可以包括一个以上的连续直线。例如，它可以是 L 形轮廓。

● 草图基准面必须垂直于生成斜接法兰的第一条边线。

为 U 形基体法兰添加一个斜接法兰，操作步骤如下。

1）单击"钣金"面板中的"斜接法兰"按钮🔲，或选择"插入"→"钣金"→"斜接法兰"命令，会出现图 8-13 所示的"信息"属性对话框。单击图 8-14 箭头所指边线的上部，会生成一个与之垂直的新基准面并自动进入草图环境。

2）绘制一条小短线，如图 8-15 所示，单击绘图区右上角"确认角"中的"草图"按钮↪，退出草图。系统弹出"斜接法兰"对话框，如图 8-16 所示，并且出现斜接法兰预览，单击预览图中的"延伸"按钮，如图 8-17 所示，即可显示完整斜接法兰预览，单击"确定"按钮✔，即可生成最终的斜接法兰，如图 8-18 所示。

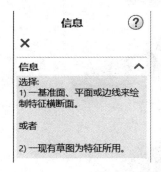

图 8-13 "信息"属性对话框

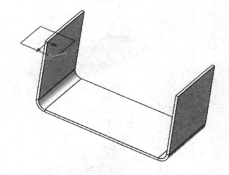

图 8-14 选择边线

图 8-15 绘制草图

图 8-16 "斜接法兰"属性对话框

图 8-17 斜接法兰预览

图 8-18 生成斜接法兰

8.2.4 褶边

"褶边"命令可将褶边添加到钣金零件的所选边线上。褶边特征有多种类型，如图 8-19 所示。
"褶边"属性对话框中常用选项含义如下。

- 长度：只对于闭合和开环褶边。
- 间隙距离：只对于开环褶边。
- 角度：只对于撕裂形和滚轧褶边。

● 半径 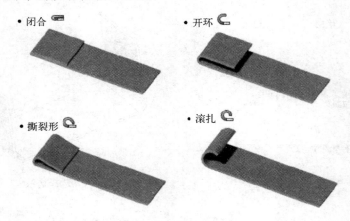 : 只对于撕裂形和滚轧褶边。

• 闭合

• 开环

• 撕裂形

• 滚扎

图 8-19　褶边特征类型

为 U 形法兰添加褶边，操作步骤如下。

1）在打开的钣金零件中，单击"钣金"面板中的"褶边"按钮 ，或选择"插入"→"钣金"→"褶边"命令，会出现图 8-20 所示的"褶边"属性对话框。

2）选择 U 形法兰一侧的三条边线，设置材料方向、开闭环、类型和大小等参数，如图 8-20 所示，单击"确定"按钮 ，即可生成褶边造型，如图 8-21 所示。

图 8-20　"褶边"属性对话框

图 8-21　生成褶边

8.2.5　转折

转折特征是通过从草图线生成两个折弯而将材料添加到钣金零件上。

在钣金零件上生成转折特征的操作步骤如下。

1）在要生成转折的钣金零件的面上绘制一直线草图，如图 8-22 所示。

📖 草图必须只包含一根直线；直线不需要是水平和垂直直线；折弯线长度不一定非得与正在折弯的面的长度相同。

2）单击"钣金"面板中的"转折"按钮 ，或选择"插入"→"钣金"→"转折"命令，然后选择所绘直线，会出现图 8-23 所示的"转折"属性对话框。

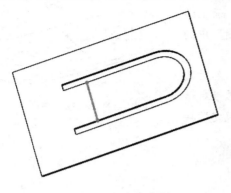

图 8-22　直线草图

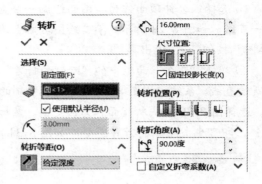

图 8-23　"转折"属性对话框

3）在要转折的钣金零件上选择一个固定面，如图 8-24 箭头所指面。

4）依次设定"转折等距""转折位置""转折角度"等参数，然后单击"确定"按钮✅，即可完成转折造型，如图 8-25～图 8-27 所示为不同设置下的转折特征实例。

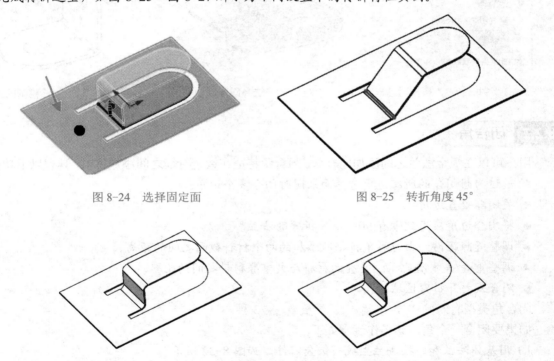

图 8-24　选择固定面

图 8-25　转折角度 45°

图 8-26　固定投影长度

图 8-27　不固定投影长度

8.2.6　绘制的折弯

绘制的折弯特征可在钣金零件处于折叠状态时将折弯线添加到零件中，可将折弯线的尺寸标注到其他折叠的几何体中。

下面通过一实例来讲解"绘制的折弯"命令的操作步骤。

1）选择钣金件顶面作为草图面绘制一条直线草图，面上绘制一直线，如图 8-28 所示。单击绘图区右上角"确认角"中的"草图"按钮，退出草图。

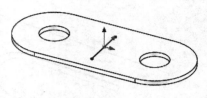

2）单击"钣金"面板中的"绘制的折弯"按钮，然后选择所绘直线，系统弹出图 8-29 所示的"绘制的折弯"属性对话框，选择图 8-30 箭头所指面作为固定面，然后单击"确定"按钮，即可生成绘制的折弯造型，如图 8-31 所示。

图 8-28　绘制草图

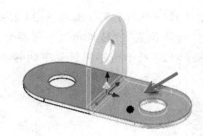

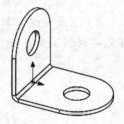

图 8-29　"绘制的折弯"属性对话框　　　图 8-30　选择固定面　　　图 8-31　生成绘制的折弯

8.2.7　闭合角

用户可以在钣金法兰之间添加闭合角。闭合角特征在钣金特征之间添加材料，具有以下功能。

● 通过为想闭合的所有边角选择面来同时闭合多个边角。

● 关闭非垂直边角。

● 将闭合边角应用到带有 90° 以外折弯的法兰。

● 调整缝隙距离：由边界角特征所添加的两个材料截面之间的距离。

● 调整重叠/欠重叠比率：重叠的材料与欠重叠材料之间的比率。

● 闭合或打开折弯区域。

闭合角类型有对接，重叠，欠重叠 3 种。

如果要闭合一个角，其操作步骤如下。

1）用基体法兰和斜接法兰生成一钣金零件，如图 8-32 所示。

2）单击"钣金"面板中的"闭合角"按钮，或选择"插入"→"钣金"→"闭合角"命令，会出现图 8-33 所示的"闭合角"属性对话框。

3）选择角上的一个平面，作为要延伸的面，如图 8-34 箭头所指。

4）依次设定边角类型等相关参数，然后单击"确定"按钮，即可生成闭合角造型，如图 8-35 所示。

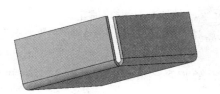

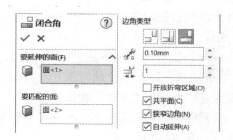

图 8-32 未闭合钣金零件 　　　　　　　图 8-33 "闭合角"属性对话框

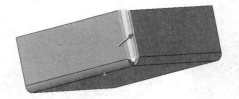

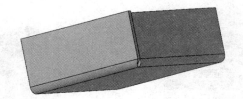

图 8-34 选择要延伸的面 　　　　　　　　图 8-35 闭合角示例

8.2.8 切口

切口特征是生成一个沿所选模型边线的断口。

切口特征除了用在钣金零件中，也可以添加到非钣金零件中。生成切口特征的操作步骤如下。

1）生成一个具有相邻平面且厚度一致的零件，这些相邻平面形成一条或多条线性边线或一组连续的线性边线。

2）单击"钣金"面板中的"切口"按钮 ，或选择"插入"→"钣金"→"切口"命令，会出现图 8-36 所示的"切口"属性对话框。

3）选择 4 条外部边线，设定好方向和距离，然后单击"确定"按钮 ，即可生成切口特征，如图 8-37 所示。

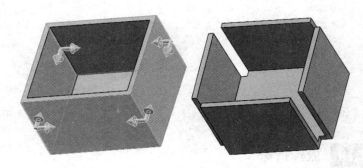

图 8-36 "切口"属性对话框 　　　　　　图 8-37 切口特征

8.2.9 展开与折叠

使用"展开"和"折叠"工具可在钣金零件中展开和折叠一个或多个折弯。如果要在具有折弯的零件上添加特征，如钻孔、挖槽或折弯的释放槽等，必须将零件展开或折叠。

1. 展开

使用展开特征可在钣金零件中展开一个或多个折弯，具体操作步骤如下。

1）单击"钣金"面板中的"展开"按钮，或选择"插入"→"钣金"→"展开"命令，会出现图 8-38 所示的"展开"属性对话框。

2）选择固定面，选择一个或多个折弯作为要展开的折弯，然后单击"确定"按钮，即可完成展开，如图 8-39 所示。

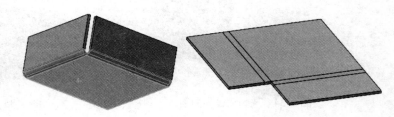

图 8-38 "展开"属性对话框   图 8-39 折弯的展开

2. 折叠

使用折叠特征可在钣金零件中折叠一个或多个折弯，具体操作步骤如下。

1）在钣金零件中，单击"钣金"面板中的"折叠"按钮，或选择"插入"→"钣金"→"折叠"命令，会出现图 8-40 所示的"折叠"属性对话框。

2）选择固定面，选择一个或多个折弯作为要折叠的折弯，然后单击"确定"按钮，即可完成折叠，示例如图 8-41 所示。

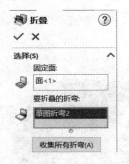

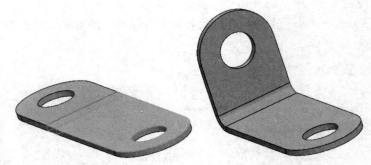

图 8-40 "折叠"属性对话框   图 8-41 折叠特征

8.2.10 放样折弯

在钣金零件中可以生成放样折弯。放样折弯同放样特征一样，使用由放样连接的两个草图。基体法兰特征不能与放样折弯特征一起使用，且放样折弯不能被镜像。生成放样折弯的操作步骤如下。

1）生成两个单独的开环轮廓草图，如图 8-42 所示。

📖 两个草图必须符合下列准则：草图必须为开环轮廓；轮廓开口应同向对齐以使平板形式更精确；草图不能有尖锐边线。

2）单击"钣金"面板中的"放样折弯"按钮🔲，或者选择 "插入"→"钣金"→"放样折弯"命令，会出现"放样折弯"属性对话框，如图 8-43 所示。

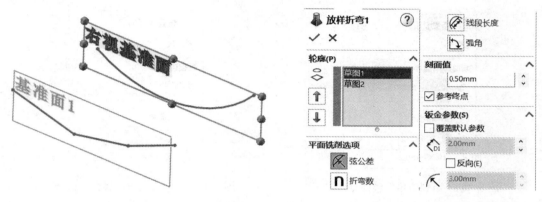

图 8-42　两个单独的开环轮廓草图　　　　　图 8-43　"放样折弯"属性对话框

3）在图形区中选择两个草图，确认选择想要放样路径经过的点，查看路径预览，如图 8-44 所示。

4）如有必要，单击"上移"或"下移"按钮来调整轮廓的顺序，或重新选择草图将不同的点连接在轮廓上。为钣金零件设定厚度，然后单击"确定"按钮✔，即可完成放样折弯，如图 8-45 所示。

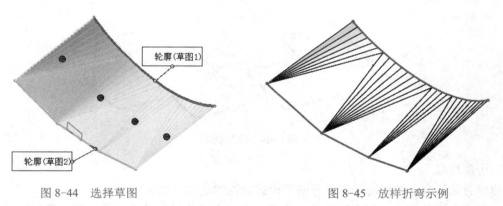

图 8-44　选择草图　　　　　　　　　　图 8-45　放样折弯示例

8.2.11　断裂边角/边角剪裁

"断裂边角/边角剪裁"工具从折叠的钣金零件的边线或面切除材料或者向其中加入材料。

1. 断裂边角

"断裂边角"命令的作用在钣金件上添加倒角或者圆角。在钣金零件上生成断裂边角的操作步骤如下。

1）生成钣金零件。

2）单击"钣金"面板中的"断裂边角"按钮，或选择"插入"→"钣金"→"断裂边角"命令，会出现图 8-46 所示的"断裂边角"属性对话框或图 8-47 所示的"断开-边角"属性对话框。

3）选择需要断开的边角边线或法兰面，此时在图形区中显示断开边角的预览。

4）设置好断开类型，然后单击"确定"按钮，即可断开边角。图 8-48 所示为添加倒角，图 8-49 为添加圆角。

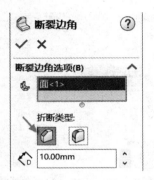
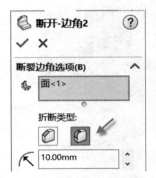

图 8-46 "断裂边角"属性对话框　　　　图 8-47 "断开-边角"属性对话框

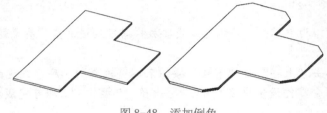

图 8-48 添加倒角

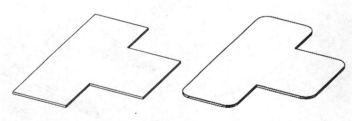

图 8-49 添加圆角

2. 边角剪裁

"边角剪裁"命令的作用是在展开的平板钣金件的边角添加释放槽。

1）在设计树的"平板形式"选项上右击，在弹出的快捷菜单中选择"解除压缩"按钮，如图 8-50 所示。

2）单击"钣金"面板中的"边角剪裁"按钮，或选择"插入"→"钣金"→"边角剪裁"命令，会出现图 8-51 所示的"边角-剪裁"属性对话框。

3）选择需要添加边角剪裁的边线，或单击"聚集所有边角"按钮，此时在图形区中显示断开边角的预览。

4）设置好断开类型，然后单击"确定"按钮，即可完成边角剪裁，如图 8-52 所示。

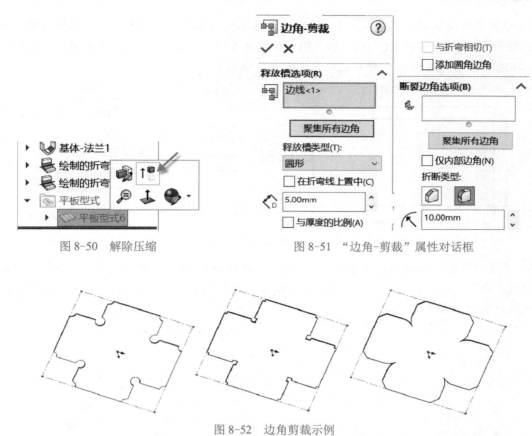

图 8-50　解除压缩　　　　　图 8-51　"边角-剪裁"属性对话框

图 8-52　边角剪裁示例

8.3　钣金设计实例

图 8-53 所示为一覆盖件，本节以此覆盖件为例来介绍完整钣金件的创建过程。

钣金覆盖件-1

图 8-53　钣金覆盖件

1）首先在"上视基准面"上绘制草图，如图 8-54 所示，该草图用于建立钣金零件中的第一个基体法兰特征。

2）使用绘制的草图建立基体法兰，给定法兰的厚度为 1mm，给定钣金零件的默认折弯系数为 "K-因子"，使用默认的数值 0.5。给定默认释放槽类型为 "矩圆形"，比例为 0.5，如图 8-55 所示。单击 "确定" 按钮 ✓，即可完成基体法兰，如图 8-56 所示。

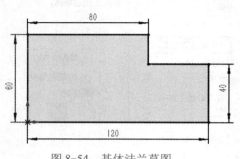

图 8-54　基体法兰草图　　　　　　　　图 8-55　"基体法兰" 属性对话框

3）单击 "钣金" 面板上的 "边线法兰" 按钮，选择图 8-56 箭头所指的边线，设置法兰位置为 "材料在内"，法兰长度为 "70"，其他参数默认，如图 8-57 所示，单击 "确定" 按钮 ✓，即可生成边线法兰，如图 8-58 所示。

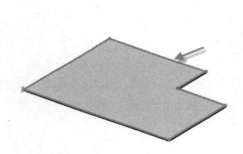

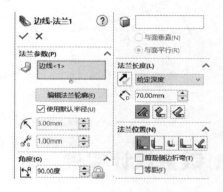

图 8-56　基体法兰　　　　　　　　图 8-57　"边线-法兰" 属性对话框

图 8-58　边线法兰

4）单击 "任务窗格" 中 "设计库" 按钮，在打开的设计库中，选择 "forming tools（成形工具）" 选项，如图 8-59 中箭头所指，鼠标指针移至 "circular emboss（圆形压印）" 处，按住鼠标左键拖至边线法兰处，如图 8-60 所示。

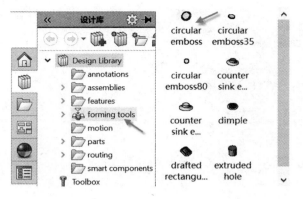

图 8-59　设计库中的成形工具　　　　　　　　　　图 8-60　圆形压印

5）系统弹出"成形工具特征"属性对话框，如图 8-61 所示，单击"位置"选项卡，然后标注尺寸确定压印的位置，如图 8-62 所示，单击"确定"按钮 ✓，即可生成圆形压印特征，如图 8-63 所示。

图 8-61　"成形工具特征"属性对话框

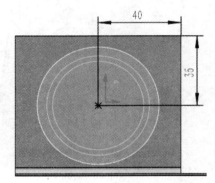

图 8-62　确定压印位置

6）选择图 8-63 箭头所指面作为草图面，绘制图 8-64 所示的草图。单击特征面板上的"通风口"按钮，系统弹出"通风口"属性对话框，"边界"选择 φ40 圆，"筋"选择两直线，"翼梁"选择 φ30、φ20 圆，"填充边界"选择 φ10 圆，其他参数如图 8-65 所示，单击"确定"按钮 ✓，生成的通风口如图 8-66 所示。

图 8-63　完成压印

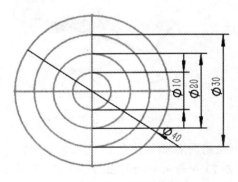

图 8-64　通风口草图

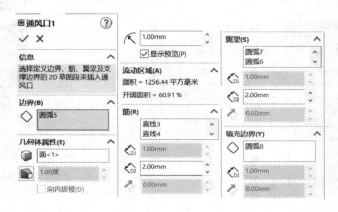

图 8-65 "通风口"属性对话框

7）选择图 8-66 箭头所指面作为草图面，以左下角点作为基准点绘制草图，如图 8-67 所示。单击"特征"面板上的"拉伸切除"按钮，以"完全贯穿"方式进行切除，结果如图 8-68 所示。

图 8-66 通风口

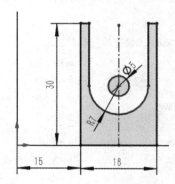

图 8-67 切除草图

8）在图 8-68 所示平面绘制草图，如图 8-69 所示。单击"钣金"面板上的"转折"按钮，系统弹出"转折"属性对话框，按照图 8-70 所示设置参数，单击"确定"按钮✅，结果如图 8-71 所示。

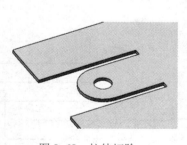

图 8-68 拉伸切除

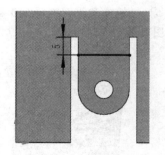

图 8-69 转折草图 1

9）使用特征面板上的"镜像"命令，系统弹出"镜像"属性对话框，如图 8-72 所示，选择图 8-73 中箭头所指断面为镜像面，镜像前面所有钣金造型，生成另一侧钣金造型，如图 8-73 所示。

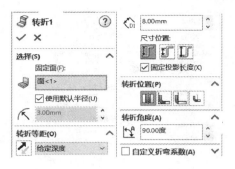

图 8-70　"转折"属性对话框 1

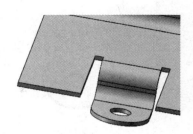

图 8-71　转折完成 1

图 8-72　"镜像"属性对话框

图 8-73　镜像特征

10）选择钣金上表面作为草图面，在右侧绘制草图，如图 8-74 所示。

11）单击"钣金"面板上的"基体法兰/薄片"按钮，选择刚绘制的草图，此时"薄片"属性对话框如图 8-75 所示，单击"确定"按钮 ✅，结果如图 8-76 所示。

钣金覆盖件-2

图 8-74　绘制草图　　　图 8-75　"薄片"属性对话框　　图 8-76　基体薄片

12）单击"钣金"面板上的"转折"按钮，选择薄片的上表面绘制草图，如图 8-77 所示，"转折"属性对话框中的参数设置如图 8-78 所示，单击"确定"按钮 ✅，结果如图 8-79 所示。

13）使用与步骤 4）类似的方式，在"设计库"的"forming tools"中选择"bridge lance"选项，如图 8-80 所示，定位如图 8-81 所示，单击"确定"按钮 ✅，结果如图 8-82 所示。

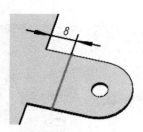

图 8-77 转折草图 2

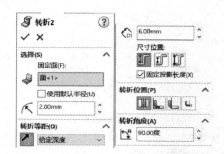

图 8-78 "转折"属性对话框 2

图 8-79 转折完成 2

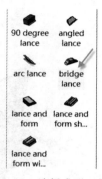

图 8-80 选择成形工具

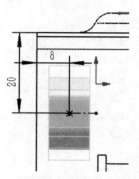

图 8-81 确定位置

14）使用"镜像"命令，生成另一侧的"桥式切口"，如图 8-83 所示。

图 8-82 桥式切口

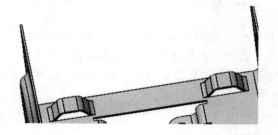

图 8-83 镜像桥式切口

15）单击"钣金"面板上的"边线法兰"按钮，在弹出的"边线-法兰"属性对话框中，保持参数默认，单击"编辑法兰轮廓"按钮，如图 8-84 所示，编辑法兰草图如图 8-85 所示，单击"确定"按钮 ✅，结果如图 8-86 所示。

图 8-84 "边线-法兰"属性对话框

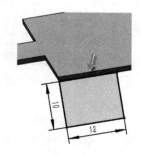

图 8-85 编辑法兰草图 1

图 8-86 边线法兰 1

16）重复上一步"边线法兰"命令，编辑法兰轮廓草图如图 8-87 所示，即可生成边线法兰如图 8-88 所示。

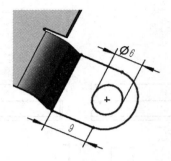

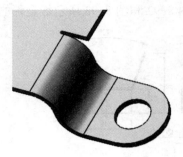

图 8-87　编辑法兰草图 2　　　　　　　　图 8-88　边线法兰 2

17）使用"镜像"命令，生成另一侧的"边线法兰"，如图 8-89 所示。

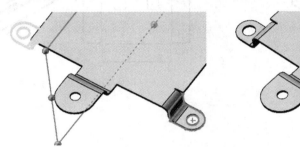

图 8-89　镜像边线法兰

18）完成钣金件造型后，可以在设计树中单击"解压缩"按钮，如图 8-90 所示，展开钣金件，结果如图 8-91 所示。

图 8-90　解压缩

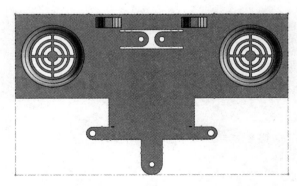

图 8-91　展开钣金件

8.4　课后练习

1. 简述定义钣金零件首选的方法。
2. 对于"边线法兰"特征必须创建草图吗？为什么？

3. 对于"斜接法兰"特征，起始/结束处等距指的是什么？

4. "边角剪切"命令可用于非钣金零件吗？

5. 完成图 8-92 和图 8-93 所示钣金件的创建。

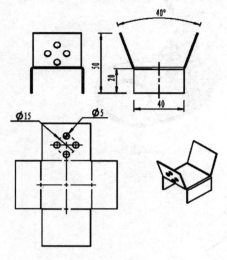

图 8-92　钣金练习 1

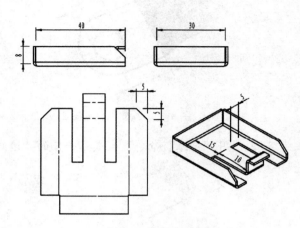

图 8-93　钣金练习 2

第9章 工 程 图

SolidWorks 创建的三维实体零件和装配体可以生成二维工程图。而且零件、装配体和工程图是互相关联的文件，用户对零件或装配体所做的任何更改会导致工程图文件的相应变更。

一般来说，工程图包含几个由三维模型建立的视图，也可以由现有的视图建立视图。例如，剖面视图是由现有的工程视图所生成的，同时可以标注尺寸、几何公差和注释。本章用实例介绍工程图的生成方法。

本章重点：
- 设置绘图规范
- 视图的生成与编辑
- 尺寸标注
- 装配体工程视图

9.1 工程图界面

单击"新建"按钮，出现"新建 SOLIDWORKS 文件"对话框，如图 9-1 所示。

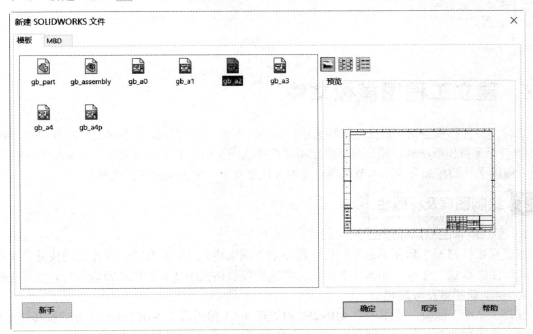

图 9-1 "新建 SOLIDWORKS 文件"对话框

选择"gb-a3"模板，单击"确定"按钮，进入工程图界面，如图 9-2 所示。

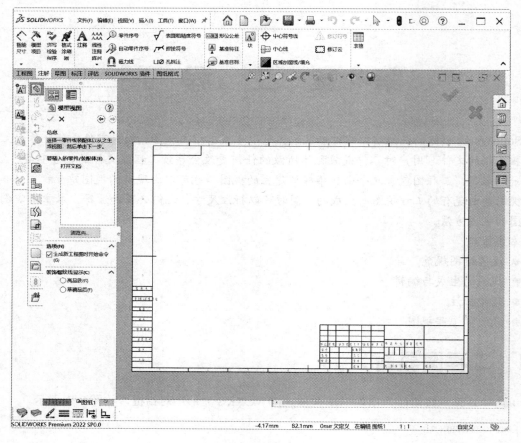

图 9-2　工程图界面

9.2　建立工程图模板文件

工程图文件模板包括工程图的图幅大小、标题栏格式、标注样式、文字样式等内容。SolidWorks 2022 自带了多种模板格式，用户可以根据需要直接选择使用。为了方便读者学习 SolidWorks 2022 中建立模板文件的相关命令，本节以自定义的方式建立了一个全新的模板文件。

9.2.1　绘制图框及标题栏

1．删除默认图框及标题栏

将鼠标指针移至工程图界面左侧设计树中的"图纸格式 1"上右击，在弹出的快捷菜单中选择"编辑图纸格式"命令，如图 9-3 所示。框选原模板格式中所有的图框及标题栏，然后删除。

2．绘制新图框及标题栏

打开"草图"面板，绘制一个 410×287 的矩形（A3 图幅四周各留 5mm），然后选择矩形的 4 条边线，将图层改为"轮廓实线层"，修改方法如图 9-4 所示，结果如图 9-5 所示。

图 9-3　右键菜单　　　　　　　　　　　　　　图 9-4　修改图层

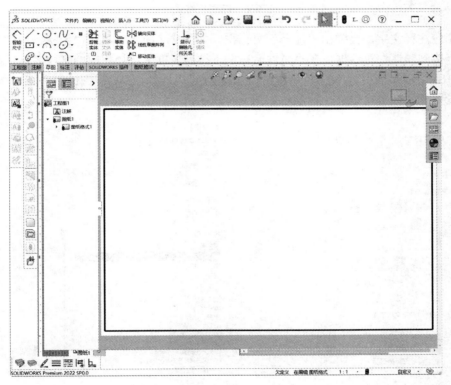

图 9-5　绘制边框

　　在图框的右下角，按照图 9-6 的尺寸及格式绘制标题栏，绘制完成后，选择 "视图"→"隐藏/显示注解" 命令将所标注尺寸隐藏。

　　3. 添加注释文字

　　使用 "注解" 面板上的 "注释" 命令添加标题栏中的文字，需以后填写内容的空白处，也要添加空白注释。

　　4. 链接到属性

　　对于需要变化的内容，比如 "图名" "单位" "图号" 以及需要以后填写内容的空白注释处，除了每一张工程图都可以手动填写以外，在 SolidWorks 中一般采用 "链接到属性" 的方式来定义。

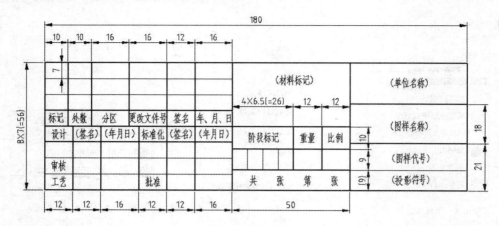

图 9-6 标题栏格式

单击相应注释文字，会弹出"注释"对话框，如图 9-7 所示，单击"链接到属性"按钮，会弹出"链接到属性"对话框，在"属性名称"下拉列表框中选择相应的字段名称（如"图名"可以选择"SW-图纸名称"，"比例"后面的空白注释可以选择"SW-视图比例"等），如图 9-8 所示。分别设置好属性链接以后，标题栏如图 9-9 所示。

图 9-7 "注释"对话框

图 9-8 "链接到属性"对话框

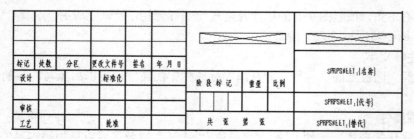

图 9-9 带属性链接的标题栏

9.2.2 设置尺寸样式

选择 "工具" → "选项" 命令，出现 "系统选项" 对话框，选择 "文件属性" 选项卡，单击 "尺寸" 选项，如图 9-10 所示，根据国家标准进行相关设置（初学者建议保持各选项为默认即可）。

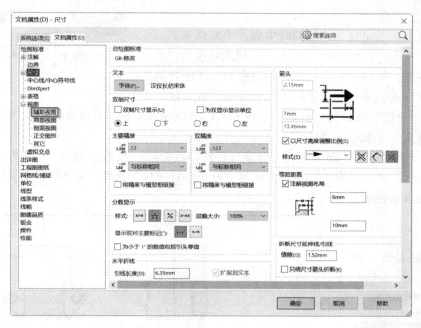

图 9-10 "文档属性-尺寸" 对话框

9.2.3 保存模板

右击特征管理器中的 "图纸 1" 选项，从弹出的快捷菜单中选择 "编辑图纸" 命令，如图 9-11 所示，完成工程图模板设置。

选择 "文件" → "另存为" 命令，打开 "另存为" 对话框，在 "保存类型" 中选择 "工程图模板 (*.drwdot)"，此时文件的保存目录会自动切换到 SolidWorks 安装目录：\SOLIDWORKS 2022\templates，输入文件名为 "a3-gb 自用"，单击 "保存" 按钮，生成新的工程图文件模板。

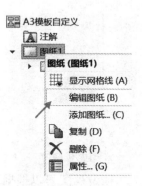

图 9-11 右键菜单

9.3 生成视图

本节以实例的方式来介绍 SolidWorks 2022 工程图各种视图的生成方法。

下面以图 9-12 所示泵体零件，来进行讲解。

生成视图

217

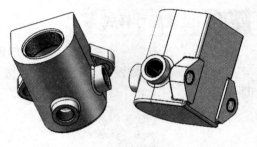

9.3.1 标准视图

标准视图是根据模型不同方向的视图建立的视图，标准视图依赖于模型的放置位置。标准视图包括标准三视图、模型视图。

1. 标准三视图

利用标准三视图可以为模型同时生成 3 个默认正交视图，即主视图、俯视图和左视图。主视图是模型的"前视"视图，俯视图和左视图分别是模型在相应位置的投影。

图 9-12 泵体

下面以泵体为例来说明一下标准三视图的创建方法。

1）单击"新建"按钮 ，出现"新建 SOLIDWORKS 文件"对话框，选择"a3-gb 自用"模板，单击"确定"按钮，新建一个工程图文件。

2）单击"视图布局"面板上的"标准三视图"按钮 ，出现"标准三视图"属性对话框，如图 9-13 所示，单击"浏览"按钮，出现"打开"对话框，选择"泵体"文件，单击"打开"按钮，建立标准三视图，如图 9-14 所示。

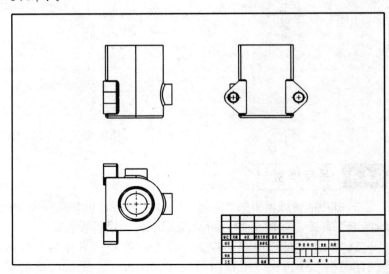

图 9-13 "标准三视图"属性对话框   图 9-14 标准三视图

2. 模型视图

模型视图可以根据现有零件添加正交或命名视图。

单击"视图布局"面板上的"模型视图"按钮 ，在绘图区选择任意视图，出现"模型视图"属性对话框，如图 9-15 所示，选中"生成多视图"复选框，同时选择"前视图""右视图""左视图""等轴测"等，即可建立所需的模型视图，如图 9-16 所示。

图形的比例既可以在属性对话框中自定义，也可以在右下角的状态栏中指定图纸的默认比例，如图 9-17 所示。

图 9-15 "模型视图"属性对话框

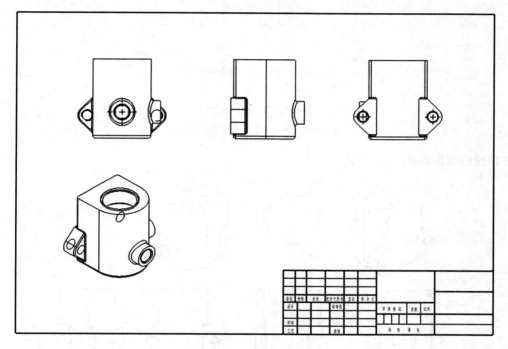

图 9-16 模型视图

9.3.2 派生视图

派生视图是由其他视图派生的,包括投影视图、辅助视图、旋转视图、剪裁视图、局部视图、剖面视图、断开的剖视图和断裂视图。

1. 投影视图

投影视图是根据已有视图,通过正交投影生成的视图。

选择主视图,单击"投影视图"按钮💾,将指针移到主视图左侧单击,生成右视图。

选择主视图,单击"投影视图"按钮💾,将指针移到主视图上方单击,生成仰视图。

选择左视图,单击"投影视图"按钮💾,指针移到左视图右侧单击,生成后视图。

选择任意一个基本视图,单击"投影视图"按钮💾,指针向 4 个 45°角方向移动,然后单击,可以做出不同方向的轴测图。

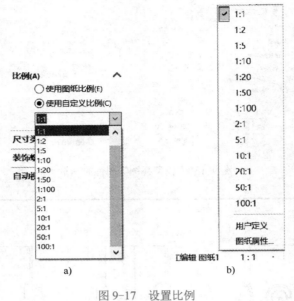

图 9-17 设置比例

a) 属性对话框中定义   b) 状态栏中定义

各种投影视图如图 9-18 所示。

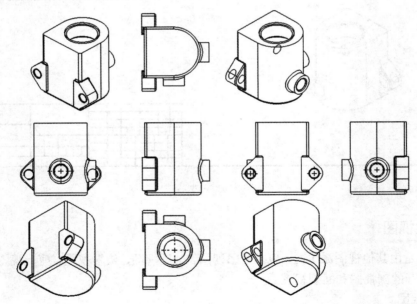

图 9-18 投影视图

2. 辅助视图

辅助视图相当于机械图样国标中的斜视图，用来表达机体倾斜结构。

打开"支架 2"样例文件，单击"辅助视图"按钮 ，选择主视图中的参考边线，如图 9-19 所示，鼠标指针移到所需位置，单击放置视图，如有需要，可以选中"辅助制图"属性对话框中的"反转方向"复选框，如图 9-20 所示。将标注的文字和箭头拖动到适当的位置。

　　选中刚生成的辅助视图，依次选择刚生成的斜视图中需要隐藏的边线，再单击图 9-21 所示临时工具条中的"隐藏/显示边线"按钮，将所选边线隐藏，然后利用草图中的"样条曲线"命令绘制波浪线，结果如图 9-22 所示。

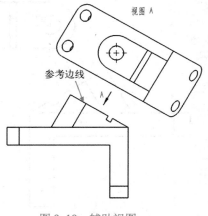

图 9-19　辅助视图

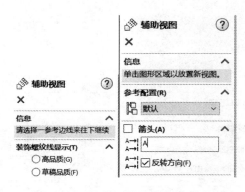

图 9-20　"辅助视图"属性对话框

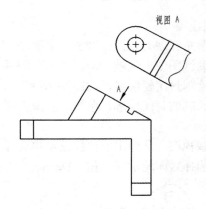

图 9-21　临时工具条

图 9-22　斜视图完成图

　　📖　选择"工具"→"选项"命令，在"文档属性"选项卡中选择"尺寸"选项，在打开的选项中可以更改箭头大小；在"辅助视图"选项卡中，可以更改辅助视图箭头文字和标号文字的大小。

3．旋转视图

　　通过旋转视图，可将视图绕其中心点转动任意角度，或通过旋转视图将所选边线设置为水平或竖直方向。

　　右击辅助视图边界空白区，从弹出快捷菜单中选择"缩放/平移/旋转"→"旋转视图"命令，如图 9-23 所示；出现"旋转工程视图"对话框，如图 9-24 所示；在"工程视图角度"文本框内输入合适的角度，单击"应用"按钮，关闭对话框。

　　如果不知道旋转角度，可选中斜视图中一条需与水平对齐的图线，然后选择"工具"→"对齐工程图视图"→"水平边

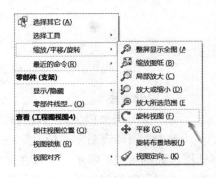

图 9-23　右键快捷菜单

线"命令即可。

选择辅助视图，将其移动到合适位置，并且修改注释内容，结果如图 9-25 所示。

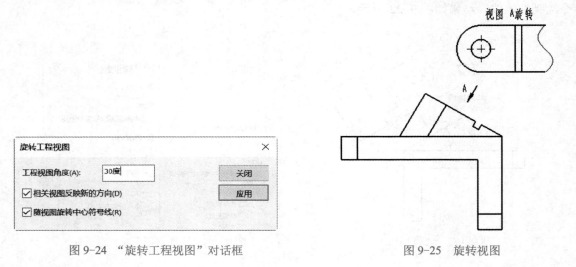

图 9-24 "旋转工程视图"对话框

图 9-25 旋转视图

4. 剪裁视图

剪裁视图是在现有视图中剪去不必要的部分，使得视图所表达的内容既简练又突出重点。

双击辅助视图空白区域，激活需裁剪的视图。单击"草图"面板中的"样条曲线"按钮，在辅助视图中绘制封闭轮廓线，如图 9-26 所示。

选择所绘制的封闭轮廓，单击"剪裁视图"按钮 ，视图多余部分被剪掉，完成剪裁视图，如图 9-27 所示。

右击剪裁视图，从弹出的快捷菜单中选择"剪裁视图"→"移除剪裁视图"命令，即可恢复视图原状。选择封闭轮廓线，按〈Delete〉键，即可删除封闭轮廓线。

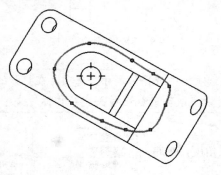

图 9-26 绘制封闭轮廓线

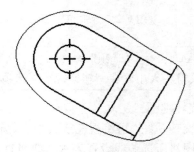

图 9-27 剪裁视图

5. 局部视图

局部视图用来放大显示现有视图某一局部的形状，相当于机械图样国标中的局部放大图。

单击"局部视图"按钮 ，在欲建局部视图的部位绘制圆，此时会显示"局部视图"属性对话框，如图 9-28 所示，可以在该对话框中设置标注文字的内容和大小以及视图放大比例。鼠标指针移到所需位置，单击放置视图，如图 9-29 所示。

图 9-28　"局部视图"属性对话框

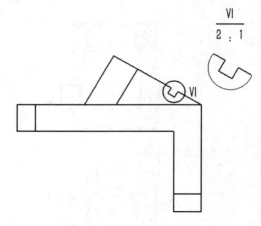

图 9-29　局部放大图

6. 剖面视图

剖面视图用来表达机体的内部结构，用该命令可以绘制机械图样国标中的全剖视图和半剖视图。

选中俯视图，单击"剖面视图"按钮 ⇄，系统弹出"剖面视图辅助"属性对话框，如图 9-30 所示，鼠标指针移到俯视图对称面位置单击，再单击临时工具条的"确定"按钮 ✓，如图 9-31 所示。

向上拖动鼠标，在俯视图正上方适当的位置单击确定位置，最终结果如图 9-32 所示。

图 9-30　"剖面视图辅助"属性对话框

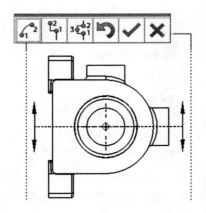

图 9-31　确定剖切面位置

利用图 9-31 所示临时工具条中的选项，可以生成单一剖视图、阶梯剖视图以及旋转剖视图等不同的表达方法。

7. 断开的剖视图

断开的剖视图用于绘制机械图样国标中的局部剖视图。

选择需绘制局部剖视图的图样，单击"草图"面板中的"样条曲线"按钮，绘制样条曲线，如图 9-33 所示。

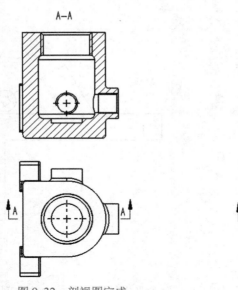

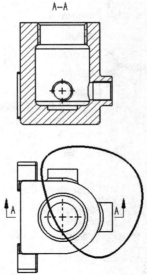

图 9-32　剖视图完成　　　　　　　图 9-33　绘制样条曲线

选中绘制的样条曲线，然后单击"视图布局"面板中的"断开的剖视图"按钮 ，系统弹出"断开的剖视图"属性对话框，如图 9-34 所示，设置剖切深度为"47"，该深度为主视图顶面到剖切面的距离，单击"确定"按钮 ，结果如图 9-35 所示。

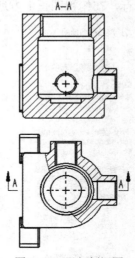

图 9-34　"断开的剖视图"属性对话框　　　　　图 9-35　局部剖视图

8. 断裂视图

对于较长的机件（如轴、杆、型材等），沿长度方向的形状一致或按一定规律变化，可用断裂视图命令将其断开后缩短绘制，而与断裂区域相关的参考尺寸和模型尺寸反映实际的模型数值。

建立一个较长件的主视图，以一根轴的工程图为例。

单击"断裂视图"按钮 ，选择主视图，弹出"断裂视图"属性对话框，如图 9-36 所示。修改"缝隙大小"选择"折断线样式"，此时视图中出现断裂曲线。

拖动断裂线到所需位置，单击"确定"按钮 ，结果如图 9-37 所示。

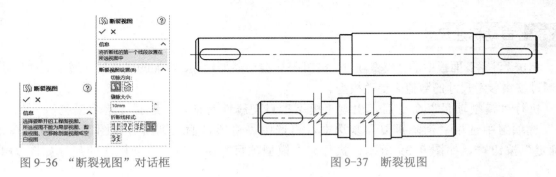

图 9-36 "断裂视图"对话框   图 9-37 断裂视图

9.4 标注工程图尺寸

在工程图中标注尺寸，一般先将生成每个零件特征时的尺寸插入到各个视图中，然后通过编辑、添加尺寸，使标注的尺寸达到正确、完整、清晰和合理的要求。

SolidWorks 2022 工程图的尺寸标注功能强大，本节只简单介绍常用命令的使用方法。

工程图的标注

9.4.1 添加中心线

单击"注解"面板上的"中心线"按钮，系统弹出"中心线"属性对话框，要手工插入中心线，可以选择需标注中心线的两条边线或选取单一圆柱面、圆锥面、环面或扫描面即可；要为整个视图自动插入中心线，选取自动插入选项，然后选取一个或多个工程图视图即可。泵体添加中心线后，如图 9-38 所示。

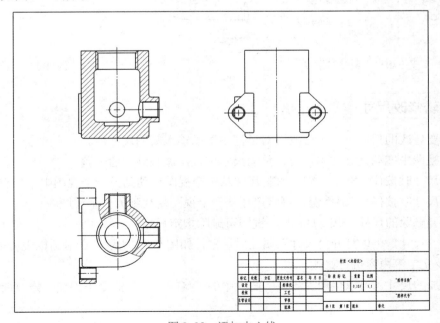

图 9-38 添加中心线

9.4.2 自动标注尺寸

单击"注解"面板中的"模型项目"按钮，自动添加尺寸，添加的模型尺寸属于驱动尺寸，能通过编辑参考尺寸的数值来更改模型。

执行"模型项目"命令后，出现"模型项目"属性对话框，选择"整个模型"，在"尺寸"选项组中选中"消除重复"复选框，再选中"将项目输入到所有视图"复选框，单击"确定"按钮，如图 9-39 所示。执行完"模型项目"命令后，自动标注的尺寸如图 9-40 所示。

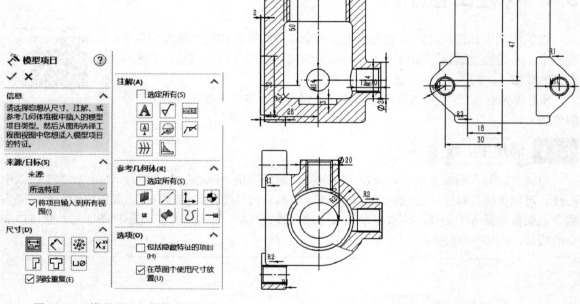

图 9-39 "模型项目"属性对话框   图 9-40 自动标注的尺寸

9.4.3 编辑修改尺寸

双击需要修改的尺寸，在"修改"对话框中可以输入新的尺寸值。

在工程视图中拖动尺寸文本，可以移动尺寸位置，调整到合适位置。

在拖动尺寸时按住〈Shift〉键，可将尺寸从一个视图移动到另一个视图中。

在拖动尺寸时按住〈Ctrl〉键，可将尺寸从一个视图复制到另一个视图中。

选择需要删除的尺寸，按〈Delete〉键即可删除指定尺寸。

双击某一尺寸，可以打开"尺寸"属性对话框，如图 9-41 所示，在对话框中可以对"数值""引线"以及文字等内容进行修改。

需要添加的尺寸，可以使用"注释"面板中的"智能尺寸"命令来添加。修改调整完毕，如图 9-42 所示。

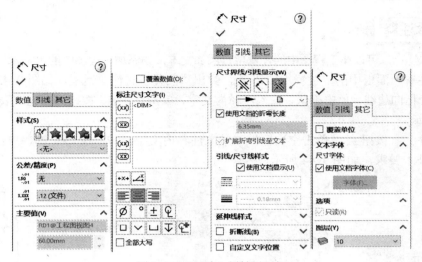

图 9-41 "尺寸"属性对话框

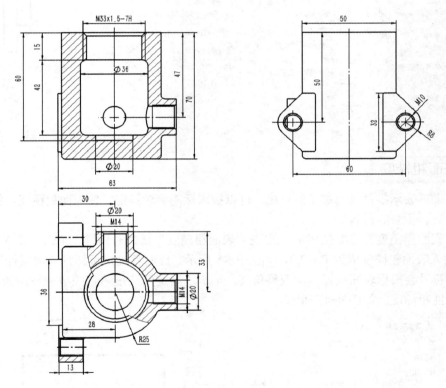

图 9-42 添加尺寸完成图

9.5 工程图的其他标注

工程图中描述与制造过程相关的标示符号都是工程图注解，包括文本注释、表面粗糙度、几何公差等。

227

9.5.1 文本注释

利用文本注释，可以在工程图中的任意位置添加文本，如添加工程图中的"技术要求"等内容。

单击"注解"面板中的"注释"按钮 **A**，弹出"注释"属性对话框，如图 9-43 所示，此时移动鼠标指针指向边线，单击确认，输入注释内文字，单击"确定"按钮 ✓，完成表面加工说明，如图 9-44 所示。

单击"注释"按钮 **A**，单击空白区域，输入注释内文字，按〈Enter〉键，单击"确定"按钮 ✓，完成技术要求，如图 9-44 所示。

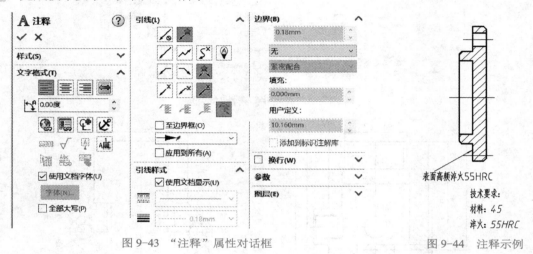

图 9-43 "注释"属性对话框　　　　　　　　　　　　图 9-44 注释示例

9.5.2 表面粗糙度

表面粗糙度表示零件表面加工的程度。可以按国标的要求设定零件表面粗糙度，包括基本符号、去除材料、不去除材料等。

单击"表面粗糙度符号"按钮 √，出现"表面粗糙度"属性对话框，单击"要求切削加工"按钮 √，输入表面粗糙度值为 Ra 3.2，如图 9-45 所示。此时移动鼠标指针靠近需标注的表面，表面粗糙度符号会根据表面位置自动调整角度，单击"确定"按钮 ✓，完成标注，如图 9-46 所示。泵体标注粗糙度后如图 9-47 所示。

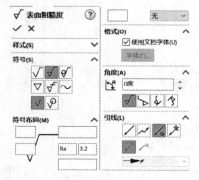

图 9-45 "表面粗糙度"属性对话框

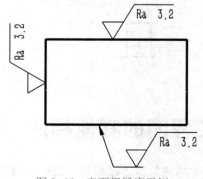

图 9-46 表面粗糙度示例

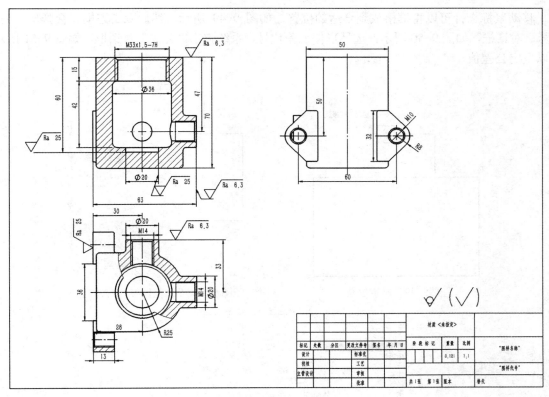

图 9-47　标注表面粗糙度

📖 不关闭"表面粗糙度"对话框，可添加多个表面粗糙度符号。

9.5.3　几何公差

在工程图中可以添加几何公差，包括设定几何公差的代号、公差值、原则等内容，同时可以为同一要素生成不同的几何公差。

单击"形位公差"按钮 03，出现"形位公差"属性对话框，在该对话框中设置引线样式（一般选中"引线"及"垂直引线"），如图 9-48 所示。

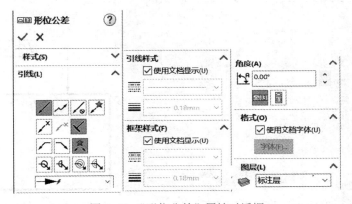

图 9-48　"形位公差"属性对话框

移动鼠标指针可以将框格放到合适的位置，如图 9-49 所示，然后双击方框，会弹出"公差代号"对话框，如图 9-50 所示；选择形位公差代号，系统弹出"公差"对话框，如图 9-51 所示，可以设定公差值。

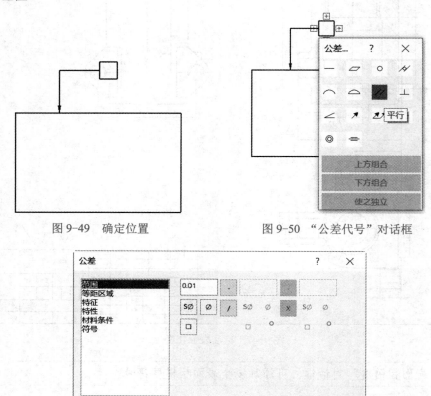

图 9-49　确定位置　　　　　　　　　图 9-50　"公差代号"对话框

图 9-51　"公差"对话框

如果需要添加基准等内容，单击"添加基准"按钮，系统弹出"Datum（基准）"对话框，如图 9-52 所示，键入基准字母后，单击"完成"按钮即可。完成示例如图 9-53 所示。

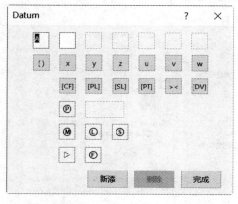

图 9-52　"Datum（基准）"对话框

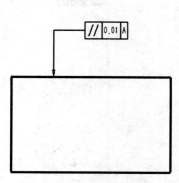

图 9-53　几何公差示例

在绘图区中拖动形位公差或其箭头,可以移动形位公差位置。双击形位公差,可以编辑形位公差。

9.5.4 基准符号

单击"基准特征"按钮 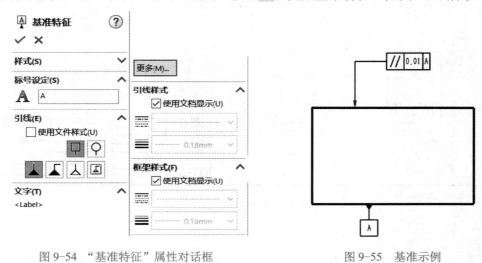,出现"基准特征"属性对话框,如图 9-54 所示。SolidWorks 2022 默认的基准符号不符合新国标的规定,因此需要进行以下设定:取消选中"引线样式"选项组中的"使用文件样式"复选框,选中"方形"及"实三角形"。选择要标注基准的位置,单击确认,拖动基准符号预览,单击确认,单击"确定"按钮 ✓,完成基准特征,如图 9-55 所示。

图 9-54 "基准特征"属性对话框   图 9-55 基准示例

9.6 装配工程图

SolidWorks 2022 中装配工程图的生成方法和零件工程图类似,读者可以参考上一节介绍的各种表达方法进行学习。本节主要简单介绍装配工程图生成时,零件明细表、零件编号的生成方法。

9.6.1 生成装配工程图

下面以一个辊子机构为例来说明一下装配工程图的创建方法。

1)单击"新建"按钮 □,出现"新建 SOLIDWORKS 文件"对话框,选择"a3 自定义",单击"确定"按钮,新建一个工程图文件。

2)单击"视图布局"面板上的"标准三视图"按钮 ,出现"标准三视图"对话框,单击"浏览"按钮,出现"打开"对话框,选择绘制好的辊子机构,单击"打开"按钮,建立标准三视图,可以设定适当的比例,结果如图 9-56 所示。

3)删除主视图和左视图,然后使用"剖面视图"命令,在弹出的排除窗口中选择不需要剖视的零件,如图 9-57 所示。结果如图 9-58 所示。

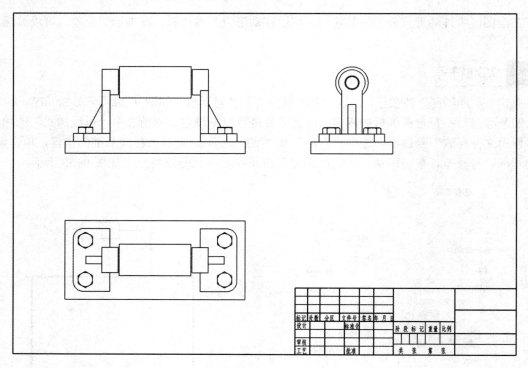

图 9-56　辊子机构标准三视图

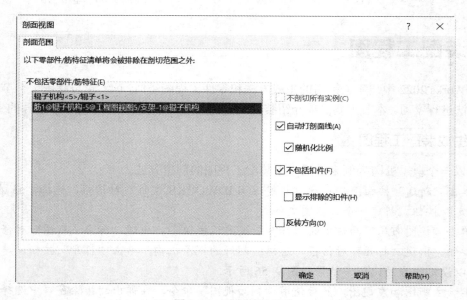

图 9-57　选择排除零件

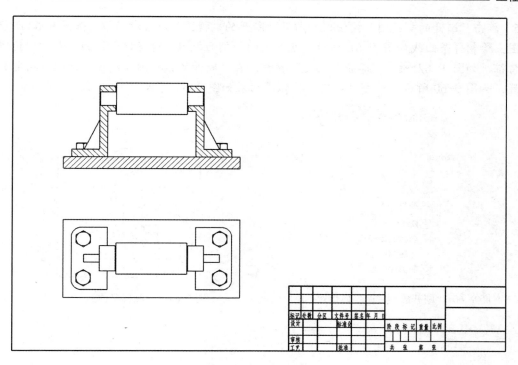

图 9-58　全剖主视图

4）使用"投影视图"命令，生成左视图，结果如图 9-59 所示。

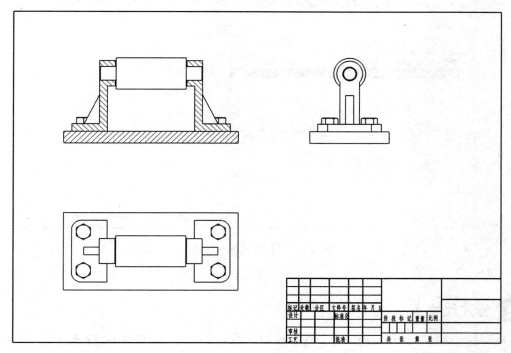

图 9-59　生成左视图

5）单击"断开的剖视图"按钮 ，打开"断开的剖视图"属性对话框，如图 9-60 所示。在左视图上绘制样条曲线如图 9-61 所示，在弹出的"剖面视图"对话框中添加不需打剖面线的零件或特征，如图 9-62 所示，单击"确定"按钮。在"断开的剖视图"属性对话框中指定剖切面的位置，如图 9-60 所示，单击"确定"按钮，结果如图 9-63 所示。

图 9-60 "断开的剖视图"属性对话框

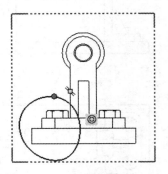

图 9-61 绘制样条曲线

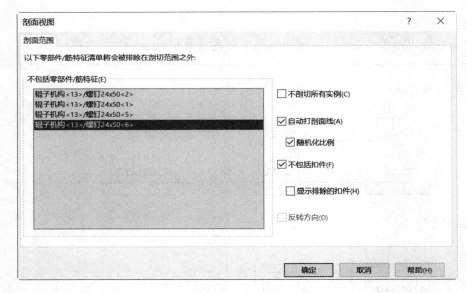

图 9-62 "剖面视图"对话框

9.6.2 标注尺寸

1）单击"注解"面板上的"中心线"按钮，添加中心线，如图 9-64 所示。

2）单击"注解"面板上的"智能尺寸"按钮，标注适当的尺寸，如图 9-65 所示。

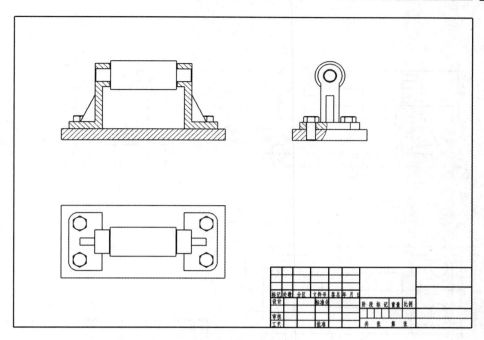

图 9-63　断开的剖视图

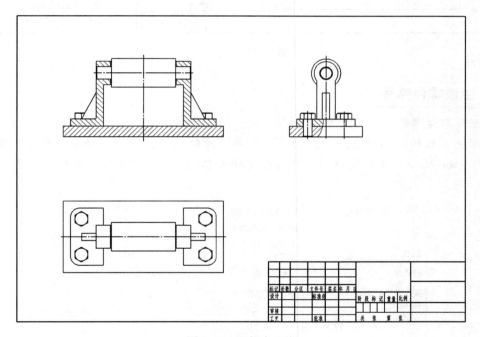

图 9-64　添加中心线

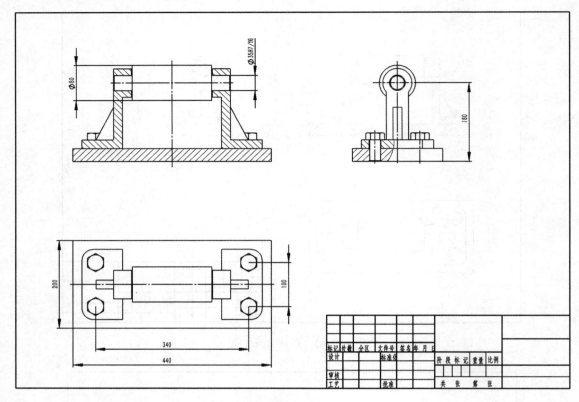

图 9-65 标注尺寸

9.6.3 生成零件序号

1. 自动零件序号

1）单击"注解"面板上的"自动零件序号"按钮 ，弹出"自动零件序号"属性对话框，如图 9-66 所示，选择主视图，然后设定相关参数，单击"确定"按钮 ，即可生成零件序号。

图 9-66 "自动零件序号"属性对话框

2）拖动每一个序号，可以调整位置，双击每一个数字，可以修改数字顺序。结果如图 9-67 所示。

2. 手动零件序号

如果使用"自动零件序号"命令生成的序号不完整或者错误较多，可以使用手动零件序号逐个添加。

单击"注解"面板上的"零件序号"按钮 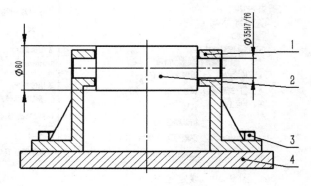，弹出"零件序号"属性对话框，如图 9-68 所示，然后设定相关参数，拖动鼠标安放序号，单击"确定"按钮 ✓，即可手动生成零件序号。

图 9-67　自动零件序号

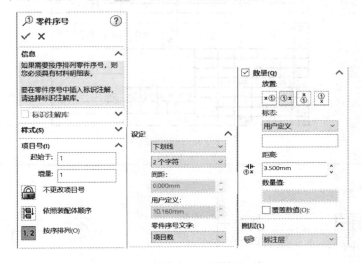

图 9-68　"零件序号"属性对话框

3. 生成材料明细表

明细表是装配工程图不可缺少的。不同的用户可以根据自己的需要设计自己的明细表。SolidWorks 2022 支持用 Excel 等软件制作的表格，篇幅所限，这里就不介绍了。下面介绍利用 SolidWorks 2022 自带的明细表模板来简单介绍明细表的生成。

1）首先在设计树中右击"材料明细表定位点"，在弹出的快捷菜单中选择"设定定位点"命令，如图 9-69 所示，然后在绘图区选择标题栏右上角作为定位点。

2）选择"注解"面板→"表格"→"材料明细表"命令，在绘图区单击"主视图"，然后在"材料明细表"属性对话框中单击"为材料明细表打开表格模板"按钮，选择"Program Files\SolidWorks Corp\ SolidWorks\lang\chinese-simplified"路径，选中其中的"gb-bom-material"模板文件，选中"附加到定位点"复选框，如图 9-70 所示，单击"确定"按钮 ✓，即可生成符合国标的材料明细表，如图 9-71 所示。

3）可以直接填写明细表内的内容或者利用"属性链接"自动添加内容。使用"注释"命令添加相关技术要求，即可完成一张完整的装配工程图了，如图 9-72 所示。

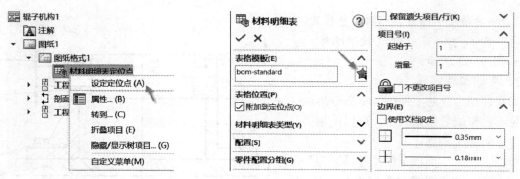

图 9-69　设定定位点　　　　　　　　　图 9-70　"材料明细表"属性对话框

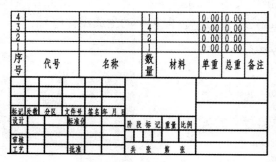

图 9-71　材料明细表

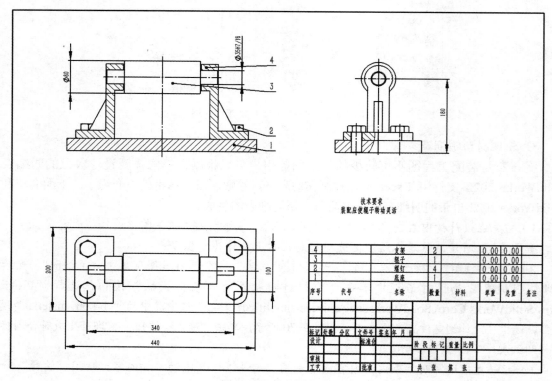

图 9-72　装配图完成

9.7　课后练习

1. 如何向工程图中插入标准三视图？
2. 如何在一个注解上添加多条引线？
3. 在工程图中如何显示和隐藏边线？
4. 如何改变视图的比例？
5. 完成图 9-73 和图 9-74 所示的零件工程图。

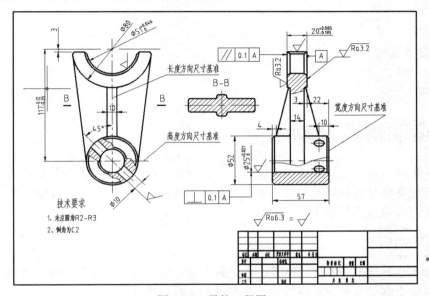

图 9-73　零件工程图 1

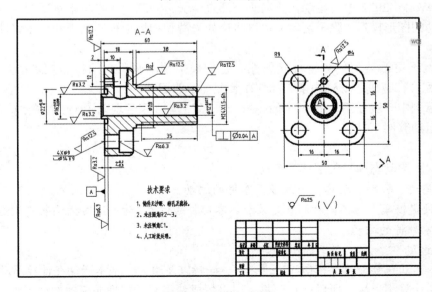

图 9-74　零件工程图 2

第 10 章 其 他 应 用

SolidWorks 2022 除了常用的零件、装配、钣金和工程图应用模块以外，还包括了其他丰富的应用，如运动仿真动画、静力分析、焊接件等。篇幅有限，本章只对这些应用做一些简单介绍。

本章重点：
- 运动仿真及动画
- 静力分析
- 焊接件

10.1 运动仿真及动画

近些年，虚拟仿真技术发展很快，SolidWorks 2022 在此方面也提供了较好的支持。运动仿真主要用于对装配体进行机构运动时的姿态以及是否干涉进行验证，动画主要用于更完善地表现三维实体的装配过程以及产品展示。

10.1.1 基础知识

对装配模型进行运动仿真的方法是，首先利用自动或人为的方式指定固定件和运动件，然后根据装配关系定义各关节的运动特性，在此基础上进行运动仿真。

在 SolidWorks 2022 中，运动仿真动画是通过定义运动算例的方法来实现的。运动算例是装配体模型运动的图形模拟。除了运动还可以将诸如光源和相机透视图之类的视觉属性融合到运动算例中。

运动算例不更改装配体模型及其属性。它们模拟并动画用户给模型规定的运动。可使用 SolidWorks 配合在建模运动时约束零部件在装配体中的运动。

在运动算例中一般使用 Motion Manager（运动管理器）来管理动画，此为基于时间线的界面，包括有以下运动算例工具。

1. 动画

可使用动画来动态模拟装配体的运动。
- 添加马达来驱动装配体一个或多个零件的运动。
- 使用设定键码点在不同时间规定装配体零部件的位置,动画使用插值来定义键码点之间装配体零部件的运动。

2. 基本运动

使用基本运动在装配体上模仿马达、弹簧、接触以及引力。基本运动在计算运动时考虑到质量。基本运动计算相当快，所以用户可将之用来生成使用基于物理的模拟的演示性动画。

3．运动分析

运动分析可在 SolidWorks Premium 的 SolidWorks Motion 插件中使用。可使用运动分析在装配体上精确模拟和分析运动单元的效果（包括力、弹簧、阻尼以及摩擦）。运动分析使用计算能力强大的动力求解器，在计算中考虑到材料属性和质量及惯性。还可使用运动分析来标绘模拟结果供进一步分析。

此外，还可使用 Motion Manager 工具栏来更改视点、显示属性以及生成描绘装配体运动的可分发的演示性动画。

10.1.2　简单动画实例

SolidWorks 2022 可以方便地实现旋转展示、爆炸、爆炸恢复等动画效果，下面简单介绍一下。

简单动画实例

假设前面已经完成了一个装配体的装配及爆炸视图的操作，如图 10-1 所示的球阀。

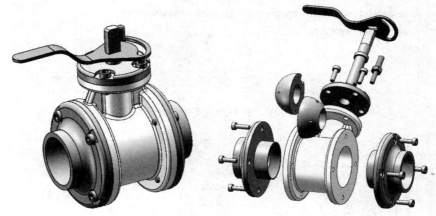

图 10-1　球阀的装配及爆炸视图

1）打开球阀的装配体文件，单击界面下方的"运动算例 1"，在"Motion Manager"工具栏中单击"动画向导"按钮 ，如图 10-2 所示，此时会弹出"选择动画类型"对话框，如图 10-3 所示。

动画向导
在当前时间栏位置插入视图旋转或爆炸/解除爆炸。

图 10-2　"Motion Manager"工具栏（部分）

2）选择"旋转模型"单选按钮，单击"下一页"按钮，会弹出"选择-旋转轴"对话框，如图 10-4 所示，设定好旋转轴和旋转次数，单击"下一页"按钮。

3）在弹出的图 10-5 所示的"动画控制选项"对话框中设置好时间，单击"完成"按钮，即可生成旋转动画，生成的键码图如图 10-6 所示。播放动画即可查看效果。

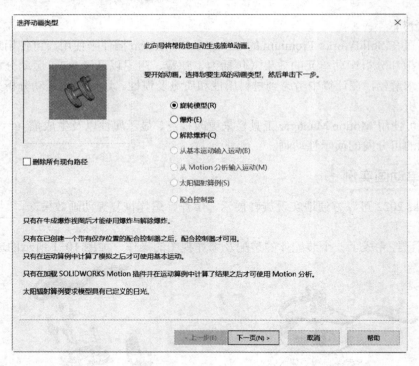

图 10-3 "选择动画类型"对话框

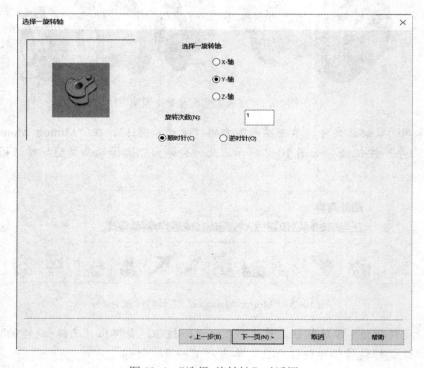

图 10-4 "选择-旋转轴"对话框

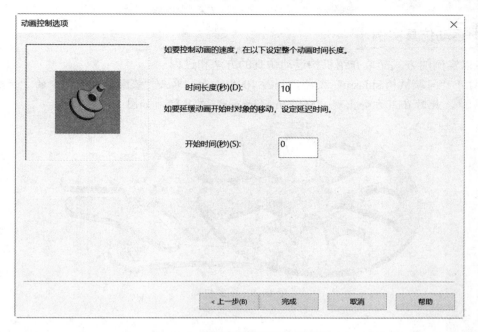

图 10-5 "动画控制选项"对话框

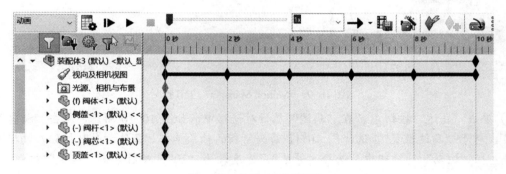

图 10-6 旋转动画键码图

4）生成爆炸动画和解除爆炸动画的过程类似。图 10-7 为爆炸和解除爆炸动画的键码图。

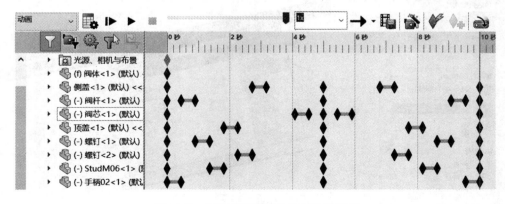

图 10-7 爆炸和解除爆炸动画的键码图

10.1.3 运动仿真实例

本节以实例的方式简单介绍机构运动仿真的方法和过程。

1）打开"间歇机构.sldasm"文件，如图 10-8 所示。单击"装配体"面板中的"新建运动算例"按钮 ，此时在下方会出现"Motion Manager"工具栏，如图 10-9 所示。

图 10-8　间歇机构

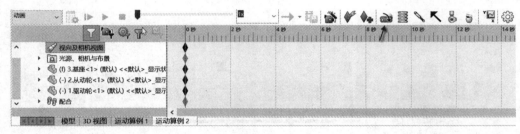

图 10-9　"Motion Manager"工具栏

2）单击"马达"按钮 ，在"马达"属性对话框中，如图 10-10 所示，单击"旋转马达"按钮 ，对于"马达位置"，选择图 10-11 箭头所指的轴，单击"马达方向"按钮 切换为顺时针方向。在"运动"选项组中，选择"等速"，速度设为"20"，然后单击"确定"按钮 。

图 10-10　"马达"属性对话框

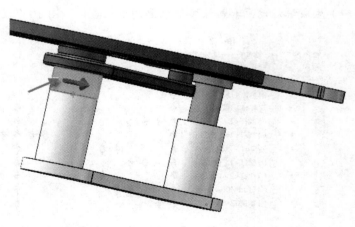

图 10-11　选择轴

3）在"Motion Manager"工具栏中右击持续时间键，然后单击"编辑关键点时间"按钮，在弹出的"编辑时间"对话框中编辑时间为 9 秒，如图 10-12 所示。时间设定完成后，"Motion Manager"窗口如图 10-13 所示。单击"从头播放"按钮![▶]，如图 10-14 所示，即可看到主动轮旋转了 3 周。此时从动轮的运动是错误的。

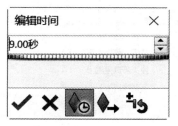

图 10-12 "编辑时间"对话框

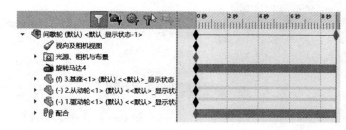

图 10-13 时间设定完成

图 10-14 动画播放按钮

4）在初始位置，主动臂上的销轴圆柱面和从动轮上一个槽口内表面相切是被激活的，如图 10-15 所示；拖动时间滑块到主动轮的销轴离开槽口的位置，如图 10-16 所示，右击前面的相切约束，将其压缩；右击图 10-16 箭头所指两圆柱面的"同心"约束，将其解除压缩，如图 10-17 所示。

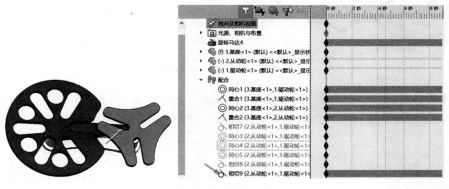

图 10-15 初始位置

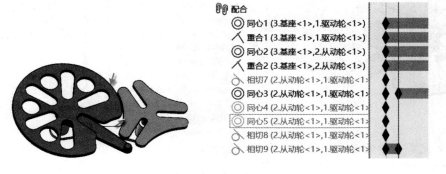

图 10-16 销轴离开槽口的位置

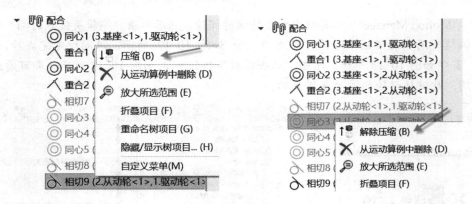

图 10-17　切换约束关系 1

5）保持上一步的约束，拖动时间滑块到主动轮上销轴到下一个槽口的边缘，用同样的方式压缩上一步的同心约束，解压缩销轴和下一个槽口的内表面的相切约束，如图 10-18 所示。

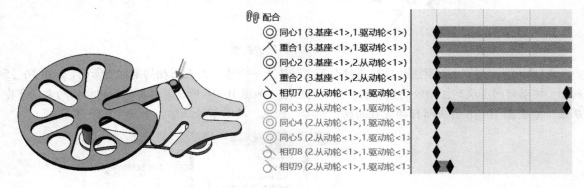

图 10-18　切换约束关系 2

6）重复类似第 4）步的操作，拖动时间滑块到主动轮的销轴离开槽口的位置，右击前面的相切约束，将其压缩；右击图 10-19 箭头所指两圆柱面的"同心"约束，将其解除压缩，键码如图 10-19 所示。

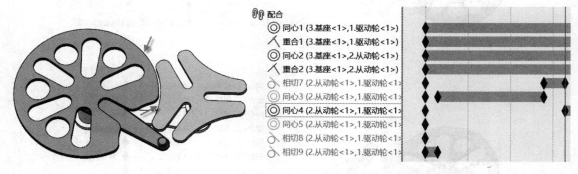

图 10-19　切换约束关系 3

7）直到完成 9 秒的动画，键码如图 10-20 所示。

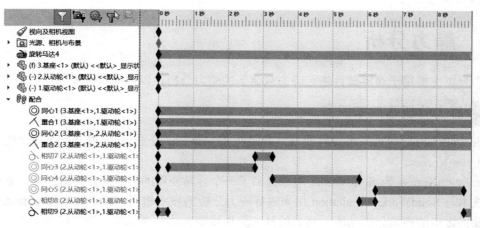

图 10-20　完成的键码

8）创建一个新文件夹，如命名为"运动算例"。单击位于绘图区右侧的"设计库"按钮，然后单击"添加文件位置"按钮，找到新建的"运动算例"文件夹，然后单击，如图 10-21 所示。在设计库中选择"运动算例"选项，右击"Motion Manager"设计树中的"旋转马达"选项，在弹出的快捷菜单中选择"添加到库"选项，如图 10-22 所示。弹出"添加到库"属性对话框，在"文件名称"文本框中输入文件名，然后选取"运动算例"文件夹，然后单击"确定"按钮，如图 10-23 所示，即可保存马达设置以便在其他运动算例中使用。图 10-24 为添加了旋转马达的设计库。

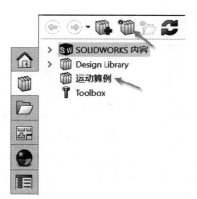

图 10-21　添加文件夹

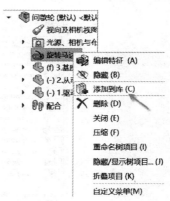

图 10-22　添加到库

图 10-23　"添加到库"属性对话框

图 10-24　设计库中的"旋转马达"

10.2 静力分析

静力分析主要用于对零部件进行静态载荷下的受力分析，以帮助完善零部件的造型设计。

10.2.1 静力分析基础知识

SolidWorks 2022 包括一个完整的有限元插件 SolidWorks Simulation 以及一个简化的有限元模块 SimulationXpress。

SimulationXpress 为 SolidWorks 用户提供了一个容易使用的初步应力分析工具，它使用的设计分析技术与 SolidWorks Simulation 用来进行应力分析的技术相同。SolidWorks Simulation 的产品系列可提供更多的高级分析功能。两者的基本操作步骤大体是类似的：指定材料、夹具、载荷、进行分析和查看结果。

分析结果的精确度取决于材料属性、夹具以及载荷。要使结果有效，指定材料属性必须准确描述零件材料，夹具与载荷也必须准确描述零件的工作条件。

本节以一个实例来简单介绍一下 SolidWorks Simulation 插件的使用方法。

选择"工具"→"插件"命令，弹出"插件"对话框，如图 10-25 所示。选中"SOLIDWORKS Simulation"选项，单击"确定"按钮。此时就会添加"Simulation"面板，如图 10-26 所示。

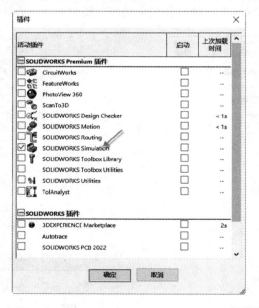

图 10-25 "插件"对话框

图 10-26 "Simulation"面板

10.2.2 静力分析实例

打开一个摇臂零件，如图 10-27 所示。

1. 建立新算例

单击"Simulation"面板中的"新算例"按钮，弹出"算例"属性对话框，如图 10-28 所示，选择"静应力分析"选项，单击"确定"按钮。

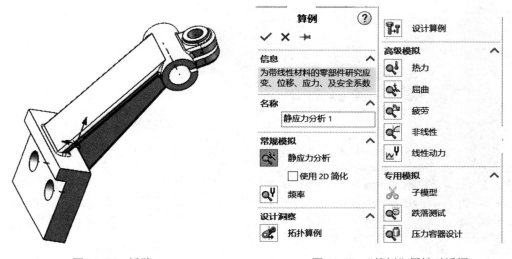

图 10-27 摇臂   图 10-28 "算例"属性对话框

2. 指定材料

单击"Simulation"面板中的"应用材料"按钮，弹出"材料"对话框，如图 10-29 所示。选择"合金钢"，然后依次单击"应用"按钮及"关闭"按钮。

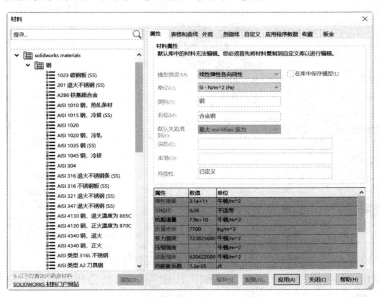

图 10-29 "材料"对话框

3．添加夹具

选择"Simulation"面板中的"固定几何体"命令，如图 10-30 所示，弹出"夹具"属性对话框，如图 10-31 所示。此时选择摇臂的固定面，如图 10-32 所示，单击"确定"按钮 ✅。

4．添加外部载荷

选择"Simulation"面板中的"力"命令，如图 10-33 所示，弹出"力/扭矩"属性对话框，如图 10-34 所示。此时选择图 10-35 所示的面，将力的大小设定为 100N，方向向右，单击"确定"按钮 ✅。

图 10-30　"固定几何体"命令

图 10-31　"夹具"属性对话框

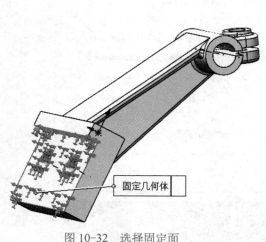

图 10-32　选择固定面

图 10-33　添加"力"命令

5．运算受力结果

单击"Simulation"面板中的"运行此算例"按钮 🖳，系统会相继进行网格划分及受力分析，如图 10-36 所示。经过运算，即可得到静力分析结果，如图 10-37 所示。

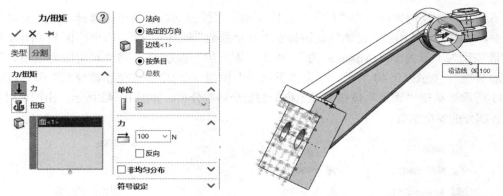

图 10-34　"力/扭矩"属性对话框　　　　　图 10-35　选择受力面及方向

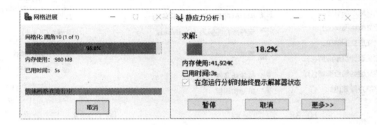

图 10-36　网格划分及受力分析

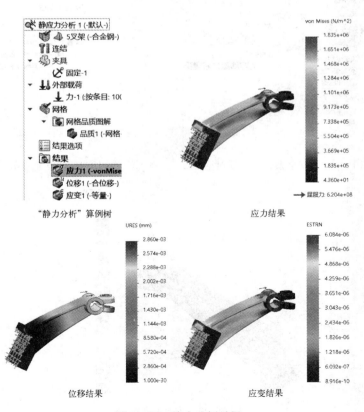

"静力分析"算例树　　　　　　　应力结果

位移结果　　　　　　　　　应变结果

图 10-37　静力分析结果

在 Simulation 算例树中右击"结果"文件夹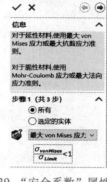，在弹出的快捷菜单中选择"定义安全系数图解"命令，如图 10-38 所示。左侧特征树显示"安全系数"属性对话框，如图 10-39 所示。将"准则"选项设为"最大 von Mises 应力"，单击"下一步"按钮。将"设定应力极限到"设置为"屈服强度"，如图 10-40 所示。单击"下一步"按钮 。选中"安全系数分布"单选按钮，如图 10-41 所示。单击"确定"按钮。显示模型的安全系数分布，如图 10-42 所示，由图可以看出该零件上各部分的安全系数。

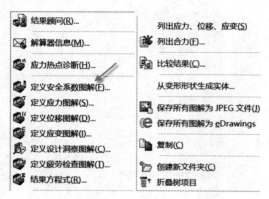

图 10-38　快捷菜单

图 10-39　"安全系数"属性对话框 1

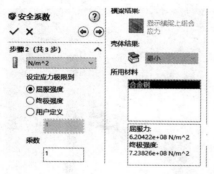

图 10-40　"安全系数"属性对话框 2

图 10-41　"安全系数"属性对话框 3

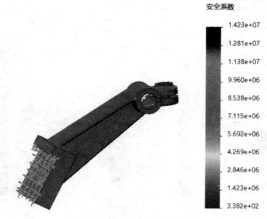

图 10-42　安全系数分布

6. 生成算例报告

单击"Simulation"面板中的"报表"按钮▦，在弹出的"报表选项"对话框中，如图 10-43 所示，设置"报表分段"内容，填写"标题信息"内容，以及在下方的文档设置中指定报表的名称、格式及保存路径。设置完成后单击"出版"按钮完成零件的分析过程，图 10-44 为报告生成过程中。

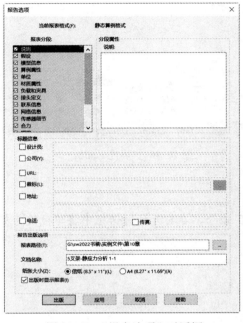

图 10-43 "报表选项"对话框

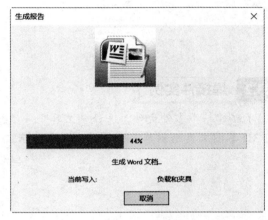

图 10-44 报告生成中

10.3 焊接件设计

焊接件设计主要用于对焊接件特有的焊接特征进行造型设计。

10.3.1 焊接件基础知识

打开 SolidWorks 2022，新建一个零件文件，在面板区域右击，在弹出的快捷菜单中选择"焊件"命令，如图 10-45 所示，即可打开"焊件"面板，如图 10-46 所示。

"焊件"面板内常用命令的作用如下。

- 结构构件：在焊件零件中添加或编辑结构构件时出现。
- 角撑板：可加固两个交叉带平面的结构构件之间的区域。
- 顶端盖：闭合敞开的结构构件。
- 焊缝：可在任何交叉的焊件实体（如结构构件、平板焊件或角撑板）之间添加全长、间歇，或交错圆角焊缝。
- 剪裁/延伸：可以使用线段和其他实体来剪裁线段，使之在焊件零件中正确对接。

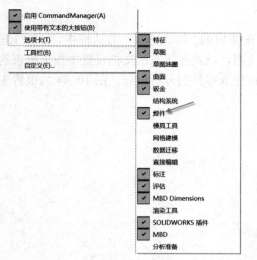

图 10-45　快捷菜单　　　　　　　　图 10-46　"焊件"面板

10.3.2　焊接件实例

1）新建一个零件文件，选择"工具"→"选项"命令，在打开的对话框中将单位设为英寸。使用 3D 草图工具绘制草图，如图 10-47 所示。

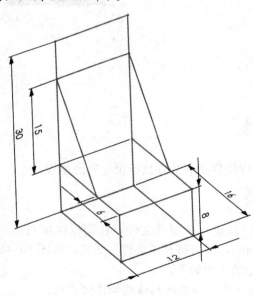

图 10-47　3D 草图

2）打开"焊接"面板，单击"结构构件"命令，在"结构构件"属性对话框中按照图 10-48 进行设置，在绘图区选取最下面的 4 条边线，如图 10-49 所示。

单击连接处的点，选择合适的连接方式，如图 10-50 所示。

由于钢管在下料时，会比实际设计的长度短一些。如果不预留出距离，实际加工时会放不进去。设置钢管间的缝隙为 "0.05in⊖",如图 10-51 所示。

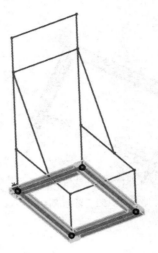

图 10-48 "结构构件"属性对话框　　　　图 10-49 选取 4 条边线

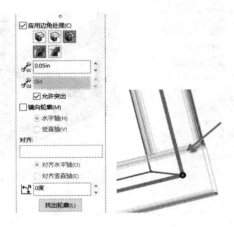

图 10-50 选择连接方式　　　　　　图 10-51 留出间隙

3)单击"组"列表框,然后选取图 10-52 所示的边线,并设置不同组之间的缝隙为 0.1in。按照同样的做法,添加余下的几组焊件。注意,添加两根成角度的焊管时,需要调整一下钢管的位置。这里用到了对齐,如图 10-53 所示。完成后的效果如图 10-54 所示。

4)插入顶端盖。插入顶端盖特征,将需要端盖的几个端口封上。

单击"焊件"面板上的"顶端盖"按钮,弹出"顶端盖"属性对话框,如图 10-55 所示,选择需要封口的端面,设置"厚度方向"及相关距离,单击"确定"按钮。

5)选择"特征"面板中的"参考几何体"→"基准面"命令,如图 10-56 所示。打开图 10-57 所示的"基准面"属性对话框,并在其中选择等距平面,距离上视基准面 2in,建立一个基准面,如图 10-58 所示。

⊖ 1in=2.54cm。

图 10-52 添加新组

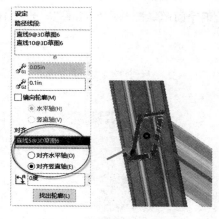

图 10-53 对齐竖直轴

图 10-54 添加结构构件完成

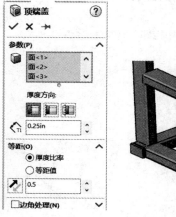

图 10-55 "顶端盖"属性对话框及示例

图 10-56 "基准面"命令

图 10-57 "基准面"属性对话框

6）在步骤5）制作的基准面上绘制草图，如图 10-59 所示。

7）单击"焊件"面板上的"拉伸凸台/基体"按钮插入拉伸凸台特征，厚度设为"0.40in"，如图 10-60 所示。

8）单击"焊件"面板上的"倒角"按钮，插入倒角特征，如图 10-61 所示。

9）选择钢管表面为草图面绘制一个草图，如图 10-62 所示。打开"焊接"面板，单击"结构构件"按钮，打开"结构构件"属性对话框，如图 10-63 所示，插入 C 槽，并旋转合适的角度，调整槽钢的位置到合适，如图 10-64 所示。

图 10-58　新建基准面

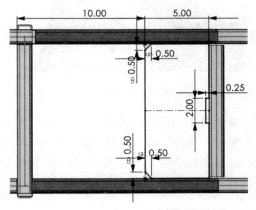

图 10-59　绘制草图

图 10-60　拉伸凸台

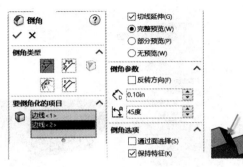

图 10-61　倒角特征

257

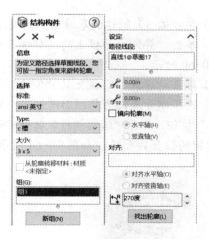

图 10-62　绘制草图　　　　　　　　图 10-63　"结构构件"属性对话框

10）绘制图 10-65 所示的草图，使用拉伸切除工具，深度选为完全贯穿，如图 10-66 所示。

11）单击"焊件"面板中的"焊缝"按钮，打开"焊缝"属性对话框，并按图 10-67 所示进行设置，在图 10-67 箭头所指的面间添加焊缝。

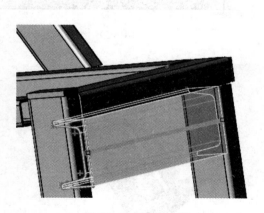

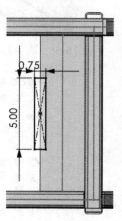

图 10-64　插入 C 槽　　　　　　　　图 10-65　绘制草图

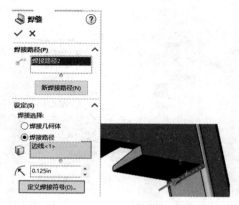

图 10-66　拉伸切除　　　　　　　　图 10-67　添加焊缝

12）单击"焊件"面板中的"角撑板"按钮，打开"角撑板"属性对话框，并按图 10-68 进行设置，在图 10-68 所示的位置添加角撑板。

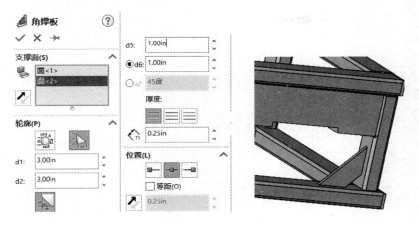

图 10-68　添加角撑板

焊件完成图如图 10-69 所示。

图 10-69　焊件完成图

10.4　课后练习

1. 简述运动算例中"马达"命令的作用？
2. 如何编辑修改运动算例中的时间？
3. SolidWorks Simulation 中添加夹具有几种方式？
4. SolidWorks Simulation 如何校验安全系数？
5. 用方形管构建图 10-70 所示的焊接件框架，规格自定。

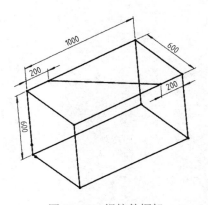

图 10-70　焊接件框架